Peter Klimesch · Münchner Isarbuch

St. Lukas, davor in der Kaimauer die
Ableitung der Bäche des Englischen Gartens

Peter Klimesch

Münchner Isarbuch

Titelbild:
Franz Schiermeier Verlag, München

Druck:
xposeprint - Sano Solutions GmbH
Silbersteinstraße 7, 97424 Schweinfurt

Gestaltung:
Winfried Meier, München

Erschienen im Selbstverlag
und zu beziehen direkt beim Autor
p.klimesch@gmx.de

ISBN 978-3-00-058337-7

Inhalt

Einführung

Die Isar ist in München nach einem langen Dornröschenschlaf wieder in aller Munde: Angefangen hat es mit der erst im Juni 2011 abgeschlossenen Renaturierung des Flussbetts und des Uferbereichs zwischen Großhesselohe und Deutschem Museum. Niemand konnte sich im Jahr 2000, als man damit begann, vorstellen, dass hier einmal Strandleben wie an der Adria und Münchens längste Flanier- und Partymeile entstehen würde.

Heute kann die Stadt gar nicht genug kriegen von ihrem Fluss. Heiß diskutiert werden in der Stadtverwaltung, in Presse und Öffentlichkeit eine geplante neue Bade- und Bootsverordnung, die Belebung des stadtseitigen Flussufers, ein so genannter „Kulturstrand", die Wiedererrichtung eines König-Ludwig II.-Denkmals auf einer Isarbrücke, ein weiterer Biergarten im Landschaftsschutzgebiet, zusätzliche Fußgängerbrücken oder ein Flussbad. Vergleiche mit Städten wie Paris oder Zürich werden zur Untermauerung des jeweils eigenen Standpunkts vorgebracht.

Neue Bauträger-Projekte am Isarufer wie die so genannten „Rodenstock Gärten" an der Wittelsbacherstraße oder die „Glockenbachsuiten" an der Erhardtstraße mit Quadratmeterpreisen bis zu 22.000 Euro werden genau beobachtet und als Zeichen einer zunehmenden Gentrifizierung nicht widerspruchslos hingenommen.

Das alles erinnert an das zu Ende gehende 19. Jahrhundert, als München auf dem Weg zur Großstadt war und ein gewisser Michael Georg Conrad (1846-1927) in seiner Romantrilogie „Was die Isar rauscht" die damalige Stadtentwicklung charakterisierte. Die Einwohnerzahlen explodierten damals, neue Wohnviertel wurden aus dem Boden gestampft. Brauereidynastien, Bankiers, Architekten, Grund- und Bauspekulanten aller Art traten an die Stelle städtischer Bauplanung.

Begehrliche Blicke richteten sich besonders auf die damals noch weitgehend unbebauten Ufer der Isar, die gerade befestigt wurden, wodurch renditeträchtiges Bauland entstand.

Idyllische Wohnviertel und beliebte Flößerwirtschaften im ehemaligen Überschwemmungsgebiet mussten repräsentativen Mietshäusern an der heutigen Isarparallele weichen. Diese Entwicklung war kontroverses Stadtgespräch und spiegelt sich auch in Conrads Romanen.

Conrad war nämlich nicht nur Literat, sondern auch ein dezidiert politischer Mensch, nicht nur Beobachter des Geschehens, sondern engagierter Kämpfer gegen den Ausverkauf seiner Stadt und insbesondere seiner geliebten Isar.

Die Genauigkeit seiner Schilderungen lässt es gerechtfertigt erscheinen, seine literarischen Arbeiten auch als authentische historische Quellen zu betrachten. Wenn Zitate aus seinem Werk dieses Buch durchziehen, so soll das auch eine Referenz an diesen weitgehend vergessenen Isar-Chronisten sein.

Schließlich ist es das Ziel dieses Buches, nicht nur den gegenwärtigen Zustand der Isar und ihrer Nebengewässer in München festzuhalten, sondern auch historische Zusammenhänge herzustellen und einen Blick in die Zukunft zu werfen.

Es möchte einen speziellen Beitrag zur Stadtgeschichte liefern und zugleich eine Art Reiseführer sein, Reiseführer zu Zielen nicht nur an der Isar selbst, sondern zu allen ihren Nebengewässern.

In die Betrachtungen einbezogen wird neben dem Fluss und seinem unmittelbaren Ufer, neben Brücken und Inseln auch das Umfeld, ob das nun Kirchen, kulturelle Einrichtungen aller Art oder auch nur ganz profane Wirtshäuser und Biergärten sind.

Die Einteilung in abgeschlossene Kapitel und ein ausführliches Stichwortregister machen das Buch auch zu einem Nachschlagewerk für alle Fragen rund um die Münchner Isar. Wo es sinnvoll erschien, finden sich Hinweise auf mögliche Spaziergänge, Radtouren und öffentliche Verkehrsmittel.

Zum Schluss gilt mein Dank all denen, die mir bei der Recherche für das Buch und bei seiner Herstellung geholfen haben.

Das gilt für die vielen Autorinnen und Autoren, deren Büchern ich wertvolle Informationen entnommen habe. Besonders hervorheben möchte ich die drei grundlegenden Werke von Christine Rädlinger, die auch weiterhin für Detailinformationen unentbehrlich sind.

Dank auch den Lokalredakteuren der Süddeutschen Zeitung, den zahlreichen Mitarbeitern von Wikipedia und, stellvertretend für viele, dem „Team Auer Mühlbach" und dem „Nord-Ost-Kurier" für ihre Beiträge im Internet.

Die historischen Bilder stammen zum größten Teil vom Stadtarchiv München. Für die großzügige Überlassung bedanke ich mich ganz herzlich bei seinem Leiter Michael Stephan.

Ein Buch ohne den professionellen Apparat eines Verlages herzustellen ist eine große Herausforderung für jemanden, der mit den Feinheiten des Computers nicht so vertraut ist. Für die tatkräftige und selbstlose Unterstützung bei der Buchgestaltung, aber auch für inhaltliche und sprachliche Ratschläge bedanke ich mich bei Winfried Meier, der dieses Buch erst ermöglicht hat.

Der Verfasser

Die Isar

Ursprung und „Ankunft in München"

Isara rapidus, die reißende Isar, so nannten sie die Römer. Heute ist sie eher eine launische Isar: einmal glasklar und in verschiedenen Grüntönen schillernd, so dass man jedes Kieselsteinchen am Grund sieht, dann wieder eine braune Flut, die alles mit sich reißt, was ihr im Wege steht.

Will man die Isar in München verstehen, muss man sich auch mit ihrer Herkunft vertraut machen: Wo ist ihr Ursprung? Was ist ihr auf ihrem Weg nach München widerfahren?

Der Krüner Stausee

Die Isar gleich nach Scharnitz

Eigentlich ist die Frage nach dem Ursprung eines Flusses ganz einfach zu beantworten: Er ist da, wo er beginnt. Demnach wäre der Ursprung der Isar die Quelle des Lafatscherbaches hinter der Alpenvereinshütte Hallerangerhaus im Tiroler Hinterautal. Doch ganz so einfach macht es uns die Isar nicht.

Denn dieses Bächlein hat schon rund fünf Kilometer zurückgelegt, wenn es zu der Stelle mit der geografischen Bezeichnung „Bei den Flüssen" gelangt, die als ihr offizieller Anfang gilt. Hier, wo das Bächlein durch einige kräftige Quellen Verstärkung erhält, weist ein Schild auf den „Isar-Ursprung" hin.

Bei Scharnitz verlässt der typische Bergbach mit seinem faszinierend türkisblauen Wasser, verstärkt durch einige Zuflüsse, das Gebirge und erreicht bald darauf bayerisches Gebiet.

Das Wasser der jungen Isar gelangt aber von hier nicht auf direktem Weg nach München. Bei Krün wird sie seit 1924 zum ersten Mal durch den dortigen Stausee in ihrem Lauf gebremst.

Bis 1990 wurde fast ihr gesamtes Wasser von dort durch eine Überleitung, den Obernachkanal, dem Walchensee für den Betrieb des dortigen Kraftwerks zugeführt. Dies war notwendig, da die natürlichen Zuflüsse des Walchensees nicht ausreichten, um die Wassermengen auszugleichen, die er an das 200 Meter tiefer gelegene Walchenseekraftwerk am Kochelsee abgeben musste. Im folgenden Flussabschnitt herrschte deshalb in manchen Sommermonaten akuter Wassernotstand.

Mündung der Isar in den Sylvensteinstausee

Erst seit 1990 ist eine so genannte Restwassermenge von mindestens 3-5 cbm/sec vereinbart, die im Fluss verbleiben muss. (Das entspricht etwa der Hälfte der Wassermenge des Auer Mühlbachs.)

Mit diesem „Restwasser" sucht sich der Fluss in vielen kleinen Armen seinen Weg durch ein breites Kiesbett.

Erst gut zwanzig Kilometer weiter, am 1959 fertiggestellten, fjordartigen Sylvensteinspeicher oder –see südlich von Lenggries, wird sein Wasser, inzwischen vermehrt durch einige Zuflüsse wie die Leutascher Ache, zum zweiten Mal aufgehalten. Alleiniger Zweck dieses sieben Kilometer langen Stausees ist der Hochwasserschutz. (Der aus einem Kraftwerk unterhalb der Staumauer gewonnene Strom ist nur ein Nebenprodukt.)

Der See dient als riesiges Ausgleichsbecken, indem er bei Hochwasser die Wassermassen zurückhält und in Trockenperioden dem Fluss Wasser zuführt. 1999 wurde sein Damm um drei Meter erhöht. Ohne diese Maßnahme wären bei dem Hochwasser vom August 2005 Teile Münchens überschwemmt und das gesamte U- und S-Bahn-Netz geflutet worden.

Aber wie jeder Eingriff in die Natur hat auch dieser Stausee seine Schattenseite: Jährlich lagert der Fluss an der Staumauer 100.000 Kubikmeter Kies ab, die dann dem Fluss unterhalb der Staumauer fehlen und zu einer ständigen Eintiefung und zum Absterben der Auwälder führen. Dies versucht man zu verhindern, indem man den Kies aus dem Stausee mit Lastern zum darunter gelegenen Abfluss transportiert.

Um die Ökologie des Flusses im folgenden Abschnitt nicht zu gefährden, wurde zwischen dem zuständigen Wasserwirtschaftsamt Weilheim und der Stadt München eine Restwassermenge von 44 cbm/sec vereinbart, die im Fluss zu verbleiben hat. Man könnte also den Sylvensteinspeicher als den eigentlichen Ursprung der Münchner Isar bezeichnen.

Doch auch wenn dort alles Wasser zurückgehalten werden sollte, was normalerweise nie eintreten wird, würde die Isar in München nicht völlig trockenfallen. Sie erhielte immer noch Wasser von ihren Nebenflüssen, vor allem von der Loisach, die ihr bei Wolfratshausen immerhin 54 cbm/sec aus ihrer „Quelle", dem Kochelsee, liefert. Darin enthalten sind die ihr vorher bei Krün „abgezapften" 20 cbm Isarwasser.

Die Isar bei Ascholding

Unmittelbar hinter Bad Tölz wird die Isar seit 1958 zum dritten Mal – für den Betrieb eines Laufkraftwerks der dortigen Stadtwerke – aufgestaut. Von dort fließt sie weitgehend durch reizvolle Naturschutzgebiete wie das Naherholungsgebiet Pupplinger Au.

Badeplatz am Ickinger Stausee, auch Eissee genannt

Vorne die Wassermassen des Werkkanals (Großer Stadtbach), rechts die seichte Isar, bei der das Kiesbett durchschimmert

Kurz nach der Loisach-Mündung, am Ickinger Wehr, zweigt von der Isar zum ersten Mal ein Kraftwerkskanal ab, der sie bis kurz nach dem Kraftwerk Mühltal, für dessen Betrieb er angelegt wurde, begleitet.

In dem Zwickel zwischen Fluss und Kanal liegt – vom Kanal gespeist – der idyllische Ickinger Stau- oder Eissee. Er hat wasserwirtschaftlich keine Bedeutung, ist aber ein beliebtes Vogelrevier und ein stilles Badegewässer, allerdings nur zu Fuß oder mit dem Rad zu erreichen.[1]

Nach dem Kraftwerk Mühltal, knapp zehn Kilometer hinter dem Stausee, vereinigt sich der Kanal wieder mit dem Fluss.

Doch schon bald danach, unterhalb von Buchenhain, beginnt an einem Wehr ein zweiter Kanalabschnitt, der die Isar bis zur Braunauer Eisenbahnbrücke in München begleitet und unterwegs die Turbinen von drei Kraftwerken der Stadtwerke München antreibt.

Wieviel Wasser im Fluss in München ankommt und wieviel im Kanal verbleibt, wird endgültig an einer Wehranlage unterhalb von Großhesselohe geregelt.

Im Extremfall verbleiben nur 12 cbm/sec vertraglich zugesichertes Restwasser im Fluss.

1 Hierzu überquert man vom Kloster Schäftlarn kommend Isar und Werkkanal und biegt gleich darauf rechts ab zur Aumühle. Dort führt eine überdachte Holzbrücke über den Kanal, dem man danach etwa einen Kilometer flussaufwärts folgt.

So wird in den Sommermonaten oft das „Rinnsal" der Isar von den Wassermassen des Werkkanals – ehemals Großer Stadtbach – unterhalb der Braunauer Eisenbahnbrücke buchstäblich zurückgedrängt.

Erst ab hier fließt wieder alles Isarwasser – ausgenommen das des Auer Mühlbachs – in einem Bett, allerdings abhängig von der Wassermenge, die dem Fluss insgesamt am Auslass des Sylvensteinspeichers zugestanden wird.

***

Bei einem Isarspaziergang mit Erstklässlern wurde ich gefragt, wie lange es denn die Isar in München schon gibt. Mir fiel damals keine kindgerechte Antwort ein. Was soll ein Sechsjähriger auch mit der Information anfangen, dass die Isar sozusagen ein Kind der letzten Eiszeit ist, deren Schmelzwasser vor rund 15.000 Jahren das Isartal geschaffen haben?

Vielleicht hätte ich ihnen von Karl Valentin, dem unvergessenen Komiker und Philosophen, erzählen sollen, von seiner Geschichte der „Ankunft" der Isar in München. Hätte ihnen erzählen sollen von den Stadtvätern, die sie auf der Fraunhoferbrücke erwarteten, von der Begrüßungsrede des Bürgermeisters, vom Fluss, der immer höher und höher stieg, und von den Münchnern, die vor ihm ins Hofbräuhaus und in die Kirchen flohen…[2]

2 Nachzulesen in seinem Text „Die Gründung der Isar" (Auch unter dem Titel „Hochwasser" erschienen.)

Wenn er die Isar dabei „gelb vor Wut schäumen" ließ, so hat das sicher mit ganz konkreten Kindheits- und Jugenderinnerungen zu tun. Denn als Siebzehnjähriger erlebte er 1899 eine der schlimmsten Hochwasserkatastrophen in der Geschichte Münchens, sozusagen vor seiner Haustür, an der Entenbachstraße, heute Zeppelinstraße 41.

Tipp

„Am grünen Fluss" hat die Reiseschriftstellerin Carmen Rohrbach ihr Buch betitelt, in dem sie ihre Wanderung von der Quelle der Isar bis zu ihrer Mündung in die Donau beschreibt. Auch wenn es an der Isar keine Wölfe oder Bären gibt, so hat sie doch in ihrem Biwakzelt spannende nächtliche Erlebnisse gehabt. So eine Wanderung mit Übernachtungen im Freien ist zwar sicher nicht jedermanns Sache, aber auch mit dem Rad ist diese Erkundung durchaus zu empfehlen, denn der Isarradweg mit verschiedenen Varianten an beiden Ufern bietet genug Überraschungen.

Von der Kastenalm im Hinterautal bis München sind es rund 175 km, bis zur Mündung 300 km. Also auf mit dem Bayernticket nach Mittenwald! Wer den anstrengenden Teil bis zur Quelle scheut, sollte von dort wenigstens die paar Kilometer weiter bis Scharnitz fahren. Übernachtungsmöglichkeiten gibt es unterwegs jede Menge.

Die Zähmung der Isar

Das mittelalterliche München war auf einer erhöhten Terrasse entstanden, geschützt vor den alljährlichen Hochwassern der Isar.

Das Flussbett, das von vielen kleineren und größeren Armen durchzogen wurde, reichte bis zur Stadtmauer an der heutigen Sparkassenstraße. Zwischen den Armen dehnten sich weite Kiesflächen – als Gries bezeichnet – aus, deren Gestalt sich mit jedem Hochwasser veränderte und die erst im Laufe der Zeit schrittweise befestigt und dadurch zu Bauland wurden. Man muss sich den damaligen Lauf der Isar in bzw. vor München so vorstellen, wie man ihn noch heute bei einem Spaziergang in der Pupplinger oder Ickinger Au erleben kann.

Die Isar bei Icking

Schon frühzeitig wurden diese Isararme als Stadtbäche nutzbar gemacht. (Siehe auch das Kapitel über die Stadtbäche.) Einer von ihnen bildete einen Teil des Stadtgrabens des ersten Mauerrings. Er floss an Stelle der heutigen Sparkassenstraße und diente auch als Mühlbach für eine erstmals 1331 erwähnte Mühle. Nach dieser erhielt er den Namen Pfisterbach.

Um die Versorgung dieser Bäche sicherzustellen, wurde bereits um 1330 bei Harlaching ein erstes Isarwehr angelegt, das die Isar nach Westen zwingen und damit die Wasserversorgung der Stadtbäche über einen Seitenarm, später als Großer Stadtbach bezeichnet, sicherstellen sollte.

Dieser Große Stadtbach versorgte das gesamte Stadtbachsystem. Es war allerdings über Jahrhunderte nicht stabil, denn nach jedem größeren Hochwasser waren am Zulauf oder an einzelnen Bächen mehr oder weniger umfangreiche Reparaturen notwendig.

Solche ständigen Korrekturen und Reparaturen waren auch am Oberlauf der Isar nötig. Allein für die Floßpassage mussten die Münchner schon im 14. Jahrhundert erhebliche Summen aufbringen, um vor allem nach Hochwassern eine geeignete Fahrrinne freizuhalten. So wurde beispielsweise die Felsbarriere beim heutigen Georgenstein immer wieder durch Sprengungen entschärft. Der heutige Georgenstein unterhalb von Baierbrunn ist nur noch ein Relikt davon.

Der dritte Schwerpunkt der Regulierungsmaßnahmen betraf den Hochwasserschutz. Den alljährlichen Hochwassern waren vor allem die Bewohner der Bereiche in den isarnahen Teilen der Stadt über Jahrhunderte weitgehend hilflos ausgeliefert.

Mit dem Schutz des Englischen Gartens durch einen Damm 1789 begann die Begradigung und Verengung des Flusses.

Etwa zur selben Zeit gab es erste Bemühungen, die Isar zwischen Hesselohe und Thalkirchen in ein begradigtes und verengtes Bett zu zwingen. Dadurch versprach man sich eine Eintiefung des Flusses und damit ein schnelleres Abfließen des Wassers bei Hochwasser.

Schrittweise Begradigungen, Uferbefestigungen und Dammbauten zogen sich über das gesamte 19. Jahrhundert hin.

Ab Mitte des Jahrhunderts erhält die Isar so ein durch Dämme begrenztes Flussbett von 45 und ein Hochwasserbett von 145 Meter Breite. Der gewünschte Effekt trat auch ein, weil sich der Fluss immer tiefer eingrub und damit nicht so leicht über die Ufer treten konnte. Um jedoch eine weitere Eintiefung zu verhindern, stabilisierte man die Flusssohle durch den Einbau eiserner Grundschwellen im Abstand von 200 Metern.

Ihren Höhepunkt und Abschluss erreichten die Maßnahmen mit dem Bau der Kaimauern im unmittelbaren Stadtbereich. Sie dienten allerdings mit einer repräsentativen Bebauung dahinter auch dem Bestreben, München zu einer modernen Großstadt zu machen.

Diese Kaimauern schützen zwar seitdem die Stadt vor regelmäßigen Überflutungen, tragen aber auch zur Entfremdung der Stadt von ihrem Fluss bei.

Eine detaillierte Chronologie der Bändigung der Isar findet man in dem Buch „Geschichte der Isar in München" von Christine Rädlinger.

Blick vom Maximilianeum über das Maxwerk nach Nordwesten auf die Widenmayerstraße, an der erst einige Neubauten stehen. Eine Notbrücke ersetzt die 1899 eingestürzte Bogenhauser Brücke. Die Kaimauer auf beiden Ufern ist noch im Bau.

Die Renaturierung der Isar – gestaltete Natur

Mit der Zähmung der Isar traten zwar die beabsichtigten Veränderungen ein, Neuland wurde gewonnen und vorher regelmäßig überschwemmte Gebiete weitgehend vor Hochwasser bewahrt. In Kauf nehmen musste man allerdings neben einer ständigen Eintiefung des Flusses durch den ausbleibenden Kiestransport einen Verlust an Attraktivität.

Doch mit zunehmender Intensität der Hochwasser in den letzten Jahrzehnten an verschiedenen Flüssen in Deutschland und angeregt durch ein staatliches Hochwasserschutzprogramm entschloss man sich in München, dieses mit einer Aufwertung des städtischen Isarraumes zu verknüpfen.

Mit dem „Eintritt" der Isar ins Münchner Stadtgebiet nördlich der Großhesseloher Brücke beginnt der renaturierte Isarabschnitt, der bis zum Deutschen Museum reicht. Begonnen wurde mit den Maßnahmen im Süden im Jahr 2000, abgeschlossen wurden sie, nach Unterbrechungen für den letzten komplizierten Abschnitt mit der Abzweigung der Kleinen Isar vor der Reichenbachbrücke, erst im Herbst 2011.

Dabei wurde im Süden bis zur Tierparkbrücke das gesamte Hochwasserbett zwischen den Dämmen auf beiden Seiten umgestaltet. Im Stadtbereich musste man sich auf das östliche Hochwasserbett beschränken, weil eine Umgestaltung des westlichen Ufers im Bereich der Flaucheranlagen und entlang der Wittelsbacherstraße nur mit massiven Eingriffen möglich gewesen wäre.

Die Gesamtkosten für die 8 Kilometer betrugen rund 35 Millionen Euro, wovon das Land mit Unterstützung der EU 55% und die Stadt München 45% zu tragen hatten. Sicher viel Geld.

So sah das östliche Flussufer vor der Renaturierung aus.

Doch vergleicht man damit z.B. die projektierten Baukosten für die Isental-Autobahn von 770 Millionen für 33 Kilometer Autobahn (SZ vom 14.9.17), also 23 Millionen für einen Kilometer, dann kommt man auf folgendes Ergebnis: Ein Kilometer Landschaftszerstörung kostet gut fünfmal so viel wie ein Kilometer Landschaftsreparatur.

Schon die Planungsphase für das Projekt gestaltete sich sehr schwierig, wobei sich kein Entwurf der ersten Preisträger unverändert durchsetzen konnte. Das lag vor allem daran, dass hier verschiedene Ziele und Interessengruppen unter einen Hut zu bringen waren. Hauptziel – und auch nur dadurch förderungswürdig – war der Hochwasserschutz, dem sich andere Interessen weitgehend unterzuordnen hatten. Daneben hat man den Fluss und sein Hochwasserbett auch ökologisch aufgewertet, einerseits durch verbesserte Durchlässigkeit für Fische, andererseits durch Anpflanzung und Aussaat typischer Pflanzen. Nicht zuletzt sollte auch für die Großstadtbewohner ein neuer

Die Baustelle an der Reichenbachbrücke am 01.04.2011

Blick von der Reichenbachbrücke kurz vor Abschluss der Arbeiten

Zerstörungen und Reparaturvorbereitungen im Hochwasserbett oberhalb der Brudermühlbrücke Anfang Juli 2013

Erholungs- und Freizeitraum geschaffen werden.

Unterschätzt hatte man dabei wohl die Zahl derer, die mit den verschiedensten, teilweise nur schwer zu vereinbarenden Vorstellungen ihre Interessen an der Isar anmelden würden. Die einen suchen ein stilles Plätzchen zum Entspannen, die anderen einen Platz zum Feiern, möglichst mit Musik und Grillfeuer, die einen wollen im Fluss baden, die anderen mit Schlauchbooten und Kanus den Fluss befahren. Hundebesitzer wollen ihren Hunden freien Auslauf gewähren, Angler ungestört ihrer Passion nachgehen. Surfer wünschen sich eine stehende Welle, Naturfreunde Reservate für seltene Tiere und Pflanzen.

Auch wenn bisher nicht alle Interessengruppen in gleicher Weise befriedigt werden konnten, war und ist die Akzeptanz vor allem bei der jüngeren Bevölkerung doch überwältigend. Schon während der Bauarbeiten wurden die Ufer gestürmt.

Wer sich allerdings unter Re-Naturierung ein „Zurück zur Natur" vorstellt, der wird angesichts der massiven Baumaßnahmen vielleicht enttäuscht sein. Im vorgegebenen Flussbett darf sich der Fluss zwar relativ frei bewegen, im neu geschaffenen Hochwasserbett auf der Ostseite dagegen sind ihm enge Grenzen gesetzt.

Würde man dem Fluss erlauben, sich auch hier nach jedem Hochwasser einen neuen Weg zu bahnen, riskierte man eine Unterspülung der Deiche und damit eine Hochwasserkatastrophe, wie wir sie erst im Juni 2013 an vielen Flüssen in Deutschland erlebt haben. Schließlich liegen große Teile von Giesing und der Au im einstigen Überschwemmungsgebiet der Isar.

Auch Brückeneinstürze waren mit dem Hochwasser in früheren Jahrhunderten regelmäßig verbunden. Wenn man sich also über die massive und nicht gerade natürlich wirkende „Panzerung" von Brückenpfeilern an der Brudermühl-, Wittelsbacher- und Reichenbachbrücke mit einzementierten Bruchsteinen wundert, sollte man bedenken, dass diese Maßnahme von Brückenbauingenieuren als notwendiger Schutz der Brücken erachtet wurde.

Denn nach jedem Hochwasser sind auch so mehr oder weniger aufwendige Ausbesserungsarbeiten fällig, mit denen man aber gerechnet hatte, so auch beim Juni-Hochwasser 2013.

Trotz aller Einwände im Detail ist der renaturierte Isarabschnitt nicht nur der liebste Sommeraufenthalt von Jugendlichen, sondern wird auch gerne für Spaziergänge zu allen Jahreszeiten genutzt.

Einen Wermutstropfen, der die allgemeine Begeisterung trübt, stellen allerdings die immer wieder trotz Absperrungen zertrampelten Aussaaten von Wildblumen, vor allem aber die Hinterlassenschaften vieler Isarnutzer dar. Ein großer Teil stammt von Grillparties, bei denen oft ein wahres Schlachtfeld von ausgebrannten Wegwerf-Grills, Plastikverpackungen und Flaschen hinterlassen wird. Von Glasscherben, Kippen und Kronenkorken ganz zu schweigen.

An schönen Wochenden bleiben am Fluss bis zu vier Tonnen Müll zurück, übers Jahr sind es je nach Wetter bis zu hundertfünfzig Tonnen, die z.B. im Jahrhundertsommer 2015 anfielen. Für das Einsammeln gab die Stadt im vorletzten Jahr 240.000 Euro aus. (SZ vom 16.02.2016) Appelle in den Medien, durch teils witzige, teils aufrüttelnde Bild- und Wortbotschaften an den aufgestellten Müll-Gitterboxen und ausgewiesene Grillzonen haben bisher wenig geholfen.

Um mit einem positiven Gedanken zu enden: Mittlerweile dient die Münchner Isar-Renaturierung beinahe weltweit als Inspirationsquelle für viele Städte. Auch in München selbst will man sich mit dem Bisherigen nicht zufrieden geben, sondern es wird intensiv darüber nachgedacht, wie man auch den Isarabschnitt bis zur nördlichen Stadtgrenze naturnäher gestalten könnte.

Man möchte den Planern dabei ein glückliches Händchen wünschen, wie sie es bei der bisherigen Renaturierung im Großen und Ganzen bewiesen haben.

Die Isar und ihre vielen Freunde[3]

Seit der Bändigung der Isar und der Erschließung des Isartales regte sich von Anfang an auch Widerstand gegen die Kommerzialisierung der Natur.

Heute bewegt sich die Diskussion um die Zukunft der Isar wieder zwischen diesen beiden Polen: bewahren oder erschließen und nutzbar machen.

Und so sind in den letzten Jahren diverse Isar-Interessenverbände geradezu aus dem Boden geschossen, die sich teils mehr der einen, teils der anderen Richtung verschrieben haben.

Der älteste Verein, der die Isar nicht nur in seinem Namen führt, sondern sich noch heute ausschließlich um den Erhalt des Isartales kümmert, ist der **Isartalverein**.

Er wurde 1902 auf Initiative von Gabriel von Seidl – damals der einflussreichste Münchner Architekt – gegründet. Sein Beruf und der damalige Bauboom brachten es mit sich, dass ihm vor allem die Entwicklung im südlichen Isartal Sorgen bereitete.

Dem Verein ging es von Anfang an nicht nur darum, die Landschaft zu bewahren, sondern sie auch den Bürgern der Stadt, z.B. durch das Anlegen von markier-

3 Die meisten der hier vorgestellten Vereine und Interessengruppen wurden mit ihren eigenen Worten vorgestellt. Sie sollen für sich selbst sprechen. Der Autor enthält sich einer Kommentierung. Sollte er eine Gruppierung übersehen haben, so steckt dahinter keine Absicht.

Blick über die Isar in die Au. Stich von Wening um 1700

ten Wanderwegen, zugänglich zu machen. Ein zweischneidiges Unterfangen, wie sich heute durch ihre intensive und teilweise missbräuchliche Nutzung vor allem durch Mountainbiker zeigt.

Der Verein ist heute so wichtig wie damals, weil er Entwicklungen im und am Fluss kritisch begleitet und so Einfluss auf politische Entscheidungen nimmt.

Mit der Förderung des Vereins, z.B. durch eine Mitgliedschaft, kann man auch dazu beitragen, dem Verein den Ankauf von naturnahen Grundstücken im Isarbereich zu ermöglichen und so eine wirtschaftliche Nutzung zu verhindern. Der Grunderwerb stellt in der Bilanz des Vereis den jeweils größten Posten dar.

***

Einem weiteren Verein, den es erst seit ein paar Jahren gibt, geht es nicht, wie so manchem anderen, um die Nutzung der Isar, sondern um die Bewahrung einer großen Tradition. Hier ein Auszug aus der Homepage des Vereins: *„Die Mitglieder des am 6. Mai 2013 gegründeten* **Flößer-Kulturvereins München-Thalkirchen** *haben es sich zum Ziel gesetzt, an diese große wirtschaftliche Bedeutung des Flößerhandwerks zu erinnern und die kulturelle Vielfalt dieses alten Handwerks zu erforschen, zu bewahren und der Öffentlichkeit zu präsentieren. Dazu sind Einzelausstellungen geplant; vor allem aber ist es der Wunsch aller Mitglieder, für dieses wichtige stadtgeschichtliche Thema geeignete Ausstellungsräume in München zu finden bzw. ein Museum zu gründen."*

***

„Das **Münchner Forum** *ist ein bürgerschaftlicher Verein, der sich mit Fragen der Münchner Stadtentwicklung beschäftigt und Bürgerinnen und Bürgern eine Diskussionsplattform bietet. Entstanden Ende der 1960er Jahre aus dem Konflikt zwischen kritischen Bürgern und Stadtpolitik um die autogerechte Umgestaltung Münchens, ist das Münchner Forum seit nunmehr fast 50 Jahren ein wichtiger Mittler zwischen Bürgerinteressen und den Vorhaben und Planungen städtischer Politik, Verwaltung sowie privater Investoren..."* So stellt sich der Verein im Internet vor.

Was die Isar betrifft, so hat er gemeinsam mit der SPD-Fraktion ihre Renaturierung unter der Bezeichnung „Der Isarplan" initiiert.

***

„**Deine Isar e. V.**" nennt sich ein Verein seit 2014, der bereits 2011 gegründet wurde. Sein Hauptanliegen ist die Sauberkeit des Isarraumes, für die er sich mit Aktionen aller Art einsetzt. Jeder hat schon mal bei einem Isarspaziergang über manchen der Sprüche auf ihren Plakaten gerätselt oder auch geschmunzelt.

***

Weniger mediale Aufmerksamkeit erzielt der Verein „**Freunde der Isar**", der sich ebenfalls die Reinhaltung des Isarraumes zum Ziel gesetzt hat und dazu jedes Jahr zur Aktion „Rama Dama", einer Müll-Sammelaktion, aufruft, die auf den Verein „Die Isarfischer e.V." zurückgeht.

***

Wesentlich mehr öffentliche Aufmerksamkeit genießen zwei Vereine, die erst in den letzten Jahren, nach der Renaturierung, entstanden sind: die so genannten **Urbanauten** und der **Verein Isarlust**. Während es den vorgenannten Vereinen vor allem um den Schutz und die Bewahrung des Naturraumes Isartal geht, stehen bei diesen beiden Erschließung und Nutzbarmachung im Vordergrund.

***

„Die Urbanauten sind aus einem interdisziplinären Debattierclub für öffentliche Räume in München hervorgegangen und organisieren im Sinne einer Denkfabrik und eines Stadtlabors öffentliche Debatten, Kunst- und Kulturprojekte, Stadtforschung und -konzepte für und in öffentlichen Räumen." Mit diesem Text präsentieren sich die Urbanauten.

In der Öffentlichkeit ist vor allem ihr Sprecher Benjamin David und sein Lieblingsprojekt „Kulturstrand" bekannt, für das er mit folgendem Text wirbt (Auszug): *„... Mit dem Ankommen am Kulturstrand wechselt man die Seite: vom abgehetzten Städter zum Halt machenden Flaneur. Vorbeilaufen zwecklos. Der Strand setzt an genau dieser Stelle an und rückt bestimmte Orte in München in den Mittelpunkt des Blickfelds der Städter. Ein hochwertiges Gestaltkonzept ist dafür die maßgebende Grundlage."*

Nachdem im September 2017 bekannt wurde, dass die Urbanauten jetzt auch die „After-Wiesn-Lokation" „Bussi Bussi Bavaria" in ihr „Kulturimperium" einbeziehen wollen, stellte die Süddeutsche Zeitung fest, dass die Urbanauten ihren Kulturbegriff ganz schön in Richtung Gastronomie erweitert hätten.

***

Benjamin David ist auch eine Führungsfigur im 2013 gegründeten Verein „**Isarlust**", der eng mit den Urbanauten kooperiert.

„Der Verein hat sich die nachhaltige Aufwertung des urbanen Isarraums zur Aufgabe gemacht und bezeichnet sich selbst als ›Gemeinnütziger Verein zur Wiederentdeckung und Wiederbelebung des innerstädtischen Isarraums als öffentlicher Raum für alle‹", heißt es auszugsweise auf der Internetseite.

Der Verein macht sich vor allem für ein öffentliches Flussbad in der Isar stark.

***

Beiden Vereinen ist in den letzten Jahren, was die gastronomische Nutzung des Isarraumes betrifft, ein neuer Konkurrent entstanden, die „**urban league**". *„Wir entwickeln attraktive kulturelle Konzepte für die Bespielung von öffentlichen Räumen und stellen hierfür eine professionelle gastronomische Versorgung zur Verfügung"*, heißt es auf ihrer Website.

***

Eher im Stillen wirkt der Verleger und Autor **Franz Schiermeier**, in dessen Verlag so grundlegende Werke von **Christine Rädlinger** über die Münchner Isar erschienen sind wie: Geschichte der Münchner Brücken, Geschichte der Münchner Stadtbäche, Geschichte der Isar in München und Neues Leben für die Isar (Ausstellungskatalog). Auch er selbst hat ein handliches Kompendium der Stadtbäche verfasst und ist einer der kenntnisreichsten Verfechter einer Öffnung ehemaliger Stadtbäche.

***

Diesem Spagat zwischen Bewahren und Erschließen ist auch die Stadt als Entscheidungsträger ausgesetzt. Sie soll es allen recht machen. Wie schwierig das ist, zeigt sich exemplarisch an der seit Jahren versprochenen und immer wieder verschobenen Bade- und Bootsverordnung.

***

Der Autor möchte sich einer eigenen Stellungnahme nicht entziehen. Als Mitglied des Isartalvereins, dessen Ziele er vorbehaltlos unterstützt, und als aktiver Isarfischer gehört er natürlich eher zu den Bewahrern. Das heißt jedoch nicht, dass er jede Veränderung im Umfeld der Isar ablehnt, also:

- Bewahren, wo es noch etwas zu bewahren gibt. Das gilt insbesondere für den gesamten Lauf der Kleinen Isar. Also dort kein Flussbad und keinen Biergarten beim Maxwerk!
- Erschließen und Nutzbarmachen dort, wo es nichts zu schützen gibt, also am städtischen Ufer der begradigten und kanalisierten Isar. Meine Vorschläge finden sich im Kapitel über die Steinsdorfstraße und im Schlusskapitel „Ausblick".
- Wiederherstellen dessen, was einmal war, soweit dies realistisch möglich ist. Das gilt für den nördlichen Isarverlauf sowie ganz besonders für die teilweise Öffnung ehemaliger Stadtbäche. Vorschläge finden sich ebenfalls im Schlusskapitel „Ausblick".

Freizeitgestaltung an der Isar

Seit der Renaturierung der städtischen Isar ist der Isarraum immer mehr in den Mittelpunkt der Freizeitgestaltung gerückt. Die Wiesen und Kiesbänke sind an schönen Frühlings- und Sommertagen oft bis spät in die Nacht von Jugendlichen belagert, die sich dort verabreden und fröhlich feiern.

Überall flackern lustige Grillfeuer, Rauchschwaden breiten sich wie Nebel bis in anliegende Wohnviertel aus. Die Isar dient vor allem zum Kühlen der Getränke. Natürlich führt der abendliche Partybetrieb auch zu Konflikten. Städtische Ordner versuchen, das Treiben in einigermaßen geordnete Bahnen zu lenken.

Aber wie ist es denn eigentlich um die **Qualität des Wassers** bestellt? Dass das Wasser eines Flusses, der durch einige Städte geflossen ist, keine Trinkwasserqualität besitzen kann, leuchtet ein. Mit Güteklasse II gilt es als „mäßig belastet" und ist damit zum Baden bedenkenlos geeignet. Das wurde vor allem durch die technische Aufrüstung der Kläranlagen am Oberlauf durch UV-Desinfektion erreicht. Einer weiteren Steigerung der Wasserqualität stehen vor allem Einschwemmungen aus der Landwirtschaft und die Fäkalien der Wasservögel entgegen. (Näheres dazu auch in den Kapiteln „Isarfischer und Isarfische" und „Die übrige Tierwelt".)

Doch welchen Einfluss hat die Millionenstadt selbst auf das Isarwasser? Hierzu ein paar Worte zur Münchner Kanalisation: Vielleicht sind Ihnen bei einem Spaziergang am Fluss schon einmal gemauerte Auslässe in der Uferböschung aufgefallen, denen manchmal unangenehme Gerüche nach Kanalisation entströmen. 23 solcher Regenauslässe gibt es, aus denen Wasser aus der Kanalisation direkt in die Isar eingeleitet werden kann. Dies geschah früher regelmäßig nach stärkeren Regenfällen, wenn die Kanalisation durch die eingeschwemmte Brühe von den Straßen überfordert war. Heute kommt das nur noch äußerst selten vor, weil man dieses so genannte Mischwasser aus Kanalisation und Regenablauf in 13 riesigen Regenrückhalteanlagen zwischenlagern kann. Trotzdem sollte man nach extremen Regenfällen das Baden im Fluss vermeiden.

Auch die städtischen Kläranlagen im Münchner Norden sind mittlerweile auf einem derart hohen Stand, dass die Isar die Stadt mit derselben Wasserqualität verlässt, mit der sie in die Stadt eingetreten ist.

Kompliziert, um nicht zu sagen kurios, ist die rechtliche Situation beim **Baden** in der Isar. Wie das folgende Foto von den Kiesinseln am Kabelsteg zeigt, war dieser Bereich auch schon vor dem Krieg ein beliebter Badeplatz.

1976 wurde dann eine Bade- und Bootsverordnung erlassen,

Badebetrieb 1935 am Kabelsteg

laut der nun das Baden an verschiedenen Stellen verboten war. Darunter befand sich neben dem Flaucher auch die gesamte Kleine Isar mit dem Kabelsteg. Wenn also heute hier ein ähnlicher Badebetrieb herrscht wie 1935, dann ist das eigentlich verboten...

Um dieser unklaren Rechtssituation ein Ende zu bereiten – einerseits Verbot, andererseits Duldung –, hat der Stadtrat bereits 2010 eine neue Bade- und Bootsverordnung beschlossen, über deren Gestaltung die zuständigen Gremien der Stadt seitdem brüten. Immerhin wurde im vergangenen Jahr publik, dass die Stadt sich mit ihrer Haftpflichtversicherung geeinigt hat und das Baden in der Isar mit Erlass der neuen Badeordnung grundsätzlich erlaubt sein soll. Verbote sollen die Ausnahme sein, zum Beispiel in der Kleinen Isar. Mit neuen Verbotsschildern will man das in den Griff bekommen.

Eine Verschärfung der Situation ist durch die in letzten Jahren zunehmenden, teils tödlichen Badeunfälle eingetreten. Doch gegen Leichtsinn und Unvernunft helfen weder Verbote noch Vorschriften.

Ähnlich problematisch verhält sich die Situation in den Gewässern des Englischen Gartens, für die die Schlösser- und Seenverwaltung zuständig ist. Auch hier ist das Baden grundsätzlich verboten, worauf nach tödlichen Badeunfällen im Eisbach immer wieder hingewiesen wird. Es wird allerdings nicht geahndet.

Heiß diskutiert werden zurzeit Pläne für ein Flussbad nach dem Vorbild anderer Städte wie Zürich, die von verschiedenen Interessengruppen propagiert, aber auch heftig abgelehnt werden.

Nach der geplanten Bade- und Bootsverordnung soll die Isar auch für alle nicht motorisierten Boote bis zur Reichenbachbrücke freigegeben werden — eine durchaus nicht unumstrittene Maßnahme.

Davon abgesehen bieten sich für die sportlichen **Kanuten und Kajakfahrer** die am Maria-Einsiedel-Bach befindlichen Bootshäuser verschiedener Vereine samt ihrer Trainingsstrecke am Werkkanal zwischen Tierparkbrücke und dem Kraftwerk Süd 2 an.

Immer mehr Anhänger findet auch das **Fluss-Surfen**. Hier hat München eine weit über die Grenzen der Stadt hinaus bekannte Attraktion zu bieten. Neben dem Haus der Kunst, wo der Eisbach unter der Prinzregentenstraße hervorschießt und eine stehende Welle bildet, locken die teils akrobatischen Künste der Surfer regelmäßig viele Zuschauer an. Bis vor kurzem geschah auch das in einer Grauzone zwischen Illegalität und Duldung. Erst nachdem die Stadt der Schlösser- und Seenverwaltung die Verantwortung abgenommen hat, ist das Surfen hier offiziell erlaubt.

Anders verhält es sich mit einer zweiten, weniger spektakulären Welle wenige hundert Meter bachabwärts. Dort wo sich früher das Dianabad befand, ist zwar das Surfen nicht erlaubt, wird aber von der nach wie vor zuständigen Schlösser- und Seenverwaltung geduldet.

Eine deutliche Aufwertung durch eine technische Aufrüstung hat die stehende Welle an der Einmündung des Floßkanals in das Becken der Floßlände in Thalkirchen erfahren. Sie ist auch als Übungsgelände für Anfänger geeignet. Allerdings kann es zu Konflikten mit den einfahrenden Flößen kommen.

Oft sieht man auch bei erhöhtem Wasserstand und Hochwasser an den Isarbrücken besonders Wagemutige, die sich dort mit ihrem Surfbrett in die braunen Fluten stürzen. Der immer wieder vorgebrachte Wunsch, an einer der Brücken durch einen Einbau eine ständige stehende Welle zu schaffen, wurde bisher stets abgelehnt.

Das **Grillen** ist zwar nur in gekennzeichneten Teilabschnitten zwischen dem Flaucher und der Großhesseloher Eisenbahnbrücke und auf der Isarinsel Oberföhring erlaubt, führt aber regelmäßig zu Beschwerden der Anlieger, die wegen der Rauchschwaden an Sommerabenden keine Fenster öffnen können.

Surfer am Eisbach

SUV-Grill an der Tierparkbrücke

Um die Belästigungen möglichst gering zu halten und auch den Landschaftsschutzgedanken nicht allzu sehr zu strapazieren, sollte man sich an die wichtigsten Regeln aus dem „Stadtportal München" halten:

- In den freigegebenen Bereichen ist das Grillen nur mit Holzkohle oder Gas auf handelsüblichen Grillgeräten zugelassen. Bedenken Sie: Funkenflug ist sehr gefährlich!
- Vermeiden Sie Lärm, insbesondere durch laute Musik.
- Beschädigen Sie keine Bäume, Sträucher, Pflanzen oder Anlageneinrichtungen.
- Löschen Sie nach dem Grillen sowie bei starkem Wind die Glut vollständig.
- Achten Sie auf Ihre mitgebrachten Flaschen und vermeiden Sie gefährliche Glasscherben.
- Nehmen Sie Ihre Abfälle und ausgekühlten Grillrückstände wieder mit – oder werfen Sie diese in die bereitstehenden Abfallbehälter.
- Bodenfeuer sind gefährlich und in jeder Form (auch mit Holzkohle) verboten.
- Verstöße gegen die Regelungen der Landschaftsschutzverordnung (Nr. 900) werden mit Geldbußen geahndet. Die Einhaltung der Schutzbestimmungen wird von der Anlagenaufsicht und der Polizei überwacht.

Bei all diesen Attraktionen könnte man leicht vergessen, dass die Isar mit ihren Ufern auch eine weniger spektakuläre Freizeitgestaltung ermöglicht. Ein Netz von Wegen oder Pfaden für Spaziergänger mit und ohne Hund, Jogger, Radfahrer und Mountainbiker begleitet den Fluss und seine Nebengewässer.

Dass dieses Nebeneinander auch immer wieder zu Konflikten führt, ist unvermeidlich. Stein des Anstoßes sind: Spaziergänger, die nebeneinander auf dem Radweg unterwegs sind – Radfahrer, die viel zu schnell fahren und ungeniert die Fußwege nutzen – Hundebesitzer, die ihre Lieblinge ohne Leine laufen lassen – Mountainbiker, die trotz Verbots sensible Auenbereiche zwischen Marienklause und Schäftlarn durchpflügen.

Wer all diesen Konflikten möglichst aus dem Weg gehen will, der sollte an sonnigen Wochenenden die Isarradwege meiden und auf Varianten abseits der Hauptwege ausweichen.

Dann wird er ungestört immer wieder unbekannte Regionen entdecken.

Eine Floßfahrt auf der Isar

Bei einem Isarspaziergang kann man an der Floßlände in Thalkirchen bei schönem Wetter am frühen Nachmittag die Ankunft der so genannten Gaudi-Flöße beobachten. Sicher hat schon mancher der vielen Zuschauer dabei den Entschluss gefasst, im nächsten Jahr so eine Fahrt mitzumachen.

Die Fahrten finden vom 1. Mai bis Mitte September (wetterabhängig) statt. Wenn das Wetter mitspielt, sind das 500 bis 600 Flöße pro Jahr. Man kann ein ganzes Floß mit eigenen Gästen zu einem gewünschten Termin buchen, es können sich aber auch kleinere Gruppen und Einzelpersonen anmelden, die dann in einer gemischten Gesellschaft fahren.

Da die Zahl der Flöße begrenzt ist und die Fahrten nicht bei jedem Wetter stattfinden, ist es ratsam, sich frühzeitig mit einem Veranstalter in Verbindung zu setzen.

Die Rechte zum Befahren der Isar und der Werkkanäle besitzen heute nur noch drei Flößerfamilien für insgesamt 16 Flöße, zwei in Wolfratshausen/Weidach an der Loisach, eine in Wolfratshausen/Nantwein gegenüber Puppling an der Isar. Alle drei sind von München aus öffentlich mit der S-Bahn-Linie 7 erreichbar.

Die Flöße aus Weidach gelangen schon nach kurzer Fahrt auf der Loisach in die Isar. Hier, in der Pupplinger und Ickinger Au, ist die Isar noch ein wildes, naturbelassenes Gewässer. Kurz danach zweigt von ihr ein Werkkanal ab, in den die Flöße einbiegen. Am Wehr beim Kraftwerk Mühltal, unweit von Kloster Schäftlarn, wird in der Regel Halt gemacht, um sich im dortigen Biergarten des Gasthauses „Zur Mühle" für die Passage der imposanten Floßrutsche zu stärken oder auch Mut anzutrinken.

Tipp

Man erreicht dieses gemütliche alte Wirtshaus mit einem schönen Garten und Blick auf die Floßrutsche auch ohne Floß auf einem Spaziergang von der Schäftlarner Isarbrücke auf dem Damm des Isarkanals, oder man folgt von Strasslach dem Wegweiser hinunter ins Isartal. Ein Besuch lohnt sich übrigens auch im Winter, wenn in den urigen Stuben ein Kaminfeuer prasselt.

Kurz danach vereinigen sich Kanal und Isar wieder, und es folgt ein besonders romantischer Abschnitt der Fahrt unterhalb von Baierbrunn, am Georgenstein vorbei.

Diese Stelle war bei den Flößern vergangener Zeiten gefürchtet, weil hier verschiedene Felsen zu umschiffen waren. Auch heute noch verlangt die Passage des Georgensteins von den Flößern, zumal bei erhöhtem Wasserstand, besonderen Einsatz, auch wenn die Felsen durch Sprengungen weitgehend beseitigt sind.

Die Isar fließt auf diesem kurzen Gewässerabschnitt weitgehend „naturbelassen" und ohne begleitenden Werkkanal. Das gesamte Isarwasser, das sich im vorhergehenden Abschnitt auf die Isar und zum größeren Teil auf den Werkkanal verteilte, befindet sich hier in einem Bett.

Schon bald biegen die Flöße aber in den nächsten Werkkanal ein, lassen links Pullach und rechts Grünwald liegen, nicht ohne beim dortigen Brückenwirt noch einmal Station zu machen. Dann erreicht man Hinterbrühl, wo bei der überlebensgroßen Bronzefigur eines Tölzer Flößers der Floßkanal abzweigt, der sich beim nahen Campingplatz in Thalkirchen seeartig zur Floßlände, dem Endpunkt der Floßfahrten, erweitert. Für die 28 Kilometer benötigen die Flöße je nach Wasserstand 5 bis 7 Stunden.

An der Floßlände wartet entweder ein Bus des Veranstalters oder man spaziert zur U-Bahn-Station Thalkirchen, von wo man wieder ins Stadtzentrum gelangt.

Historischer Exkurs

Die heutigen Gaudi-Floßfahrten sind nur ein Relikt eines einst blühenden Wirtschaftszweiges.

Bedeutung erlangte die Isarflößerei im 12. Jahrhundert, in der Zeit der Städtegründungen von Landshut, Freising und

Floß bei der Einfahrt in das Ländbecken

Gasthaus zur Mühle

Georgenstein

Strapazierte Baumstämme nach mehrmaliger Benützung

München durch die bayerischen Herzöge. Riesige Mengen von Holz, Steinen, Kalk und anderen Baumaterialien wurden für den Aufbau der Städte gebraucht. Allein der Dachstuhl der Frauenkirche verschlang etwa 630 Festmeter Rundholz aus dem waldreichen bayerischen Oberland, die mit 147 Bauholzflößen herantransportiert wurden. Aber auch Gebrauchsgüter aller Art wurden auf der Isar geliefert. Besonderer Beliebtheit erfreute sich in München das Tölzer Bier. War das Floß mit der Ladung über geben, wanderten die Flößer wieder zurück in ihre Heimatorte.

Der Ländbereich, der sich immer weiter ausdehnte, erstreckte sich von der Reichenbachbrücke fast bis zur Praterwehrbrücke und schloss auch die Ufer der damaligen Kohleninsel, heute Museumsinsel, mit ein.

Hier, an der so genannten unteren Lände, soll sich um 1870 mit bis zu 12.000 Flößen pro Jahr der größte Floßhafen Europas befunden haben.

Eine weitere Lände, die Obere Lände, befand sich am Großen Stadtbach (Westermühlbach). Auch holzverarbeitende Betriebe hatten hier eigene Anlegeplätze.

An den Länden herrschte natürlich zur Ländzeit Hochbetrieb. *„Wenn die wetterharten Holzknechte von Tölz und Lenggries mit den blauen Falkenaugen, den kühnen Hackennasen, den starren blonden Schnauzbärten und dem gamsbart- und auerhahnfedergeschmückten Filzhut, das Hemd auf der Brust offen, dass die braune Haut mit dichten Haarbüscheln heraussieht"* (Conrad: Was die Isar rauscht.) an der Arbeit waren, dann zog das auch die bürgerliche Damenwelt an.

Die Männer vergnügten sich lieber in einer der drei Flößerwirtschaften. Als Conrads Roman

Blick von St. Maximilian nach Norden auf die Lände an der Erhardtstraße und die Kohleninsel mit Ausstellungsbauten.
Vorne die Reichenbachbrücke – die Corneliusbrücke existiert noch nicht -, im Hintergrund das Maximilianeum. Foto von 1899

1888 erschien, war die beliebteste, der „Grüne Baum", seit zwei Jahren dem Bau der Flussregulierung mit mächtigen Kaimauern zum Opfer gefallen. Wenn Conrad sie noch einmal beschreibt, so ist das zugleich ein Abgesang auf eine verlorene Zeit: *„Es waren ureingesessene Münchener, Isarthaler, die nicht höher schwuren, als bei ihrem ›grünen Baum‹. Ja, der war ihre eigentliche Heimat. [...] Hier war das Zentrum ihrer bürgerlichen und landschaftlichen Sympathien. Vom ›grünen Baum‹ aus liefen ihre Interessen in die Stadt und in die Welt und wieder zurück. Isarthalauf- und abwärts kannten sie jeden Baum, jeden Strauch, jeden Stein, jeden Winkel, jede Ecke, jede Baracke. [...] Auch die beiden anderen Wirtschaften links und rechts in fünfzig Schritt Entfernung, das ›Ketterl‹ und der ›rote Thurm‹, hatten die altmünchnerische Physiognomie treu bewahrt und erfreuten sich einer Stammgastschaft von untadelhafter konservativer Gesinnung; allein mit dem ›grünen Baum‹ konnten sie sich nicht messen." (Siehe auch das Kapitel über die Steinsdorfstraße.)*

Neben den Floßwirtschaften mussten auch die Häuser der Floßmeister der neuen Bebauung mit Mietskasernen weichen.

Der Flößereibetrieb wurde zunächst noch an der neuen Floßlände in Thalkirchen aufrechterhalten, doch mit zunehmendem Straßen- und Schienenverkehr kam innerhalb weniger Jahre die gesamte Isar-Flößerei schließlich langsam zum Erliegen.

Das Weiterleben dieser alten Tradition im Bewusstsein der Menschen hat sich der „Flößer-Kulturverein-Thalkirchen" zur Aufgabe gemacht. Er ist auf der Suche nach einem geeigneten Standort für ein Flößereimuseum.

Floßlände an der Steinsdorfstraße mit Flößerwirtschaften. Links die Ludwigsbrücke mit dem „roten Turm" und im Vordergrund der Beginn des Wehrstegs von der Prater- zur Kohleninsel

Isarfischer und Isarfische

Zu den Nutzern der Isar gehören auch die Isarfischer. „Gibt´s denn in der Isar überhaupt noch Fische?" - „Kann man die auch essen?" Zwei Fragen, die einem als Fischer immer wieder gestellt werden. Oft kommt noch eine dritte Frage dazu: „Dürfen Sie überhaupt hier fischen?"

Ich beginne mit der letzten Frage. Natürlich gibt es an der Isar längst keine Berufsfischer mehr, der Fluss wird von Fischereivereinen, in München seit über 50 Jahren vom Verein „Die Isarfischer e.V.", „bewirtschaftet". Das Vereinsgewässer reicht als städtische Isar von der südlichen Stadtgrenze bei Großhesselohe bis zum Oberföhringer Stauwehr und von dort als Mittlere Isar bis Dietersheim nördlich von Garching.

Der Verein hat das Fischrecht von der Stadt München gepachtet und gibt jährlich an eine begrenzte Anzahl von Mitgliedern Erlaubnisscheine aus.

Um in München in der Isar fischen zu können, müssen drei Voraussetzungen erfüllt werden: Man muss einen allgemeinen Fischereischein besitzen (Prüfung!), Mitglied der Isarfischer sein und eine spezielle Lizenz für einen der beiden Isarabschnitte besitzen. Und nicht zu vergessen: Dazu gehört auch die Bereitschaft, sich umweltbewusst zu verhalten.

Aus dem Bisherigen ergibt sich auch die Beantwortung der ersten Frage. Für den Fisch-Nachwuchs sorgen allerdings die Fischer weitgehend selbst mit alljährlichen Besatzaktionen, wobei auch vom Aussterben bedrohte Fische wie der Zingel besetzt werden. Die wichtigsten vorkommenden Fischarten sollen hier kurz vorgestellt werden.

Sozusagen der „Brotfisch" der Isarfischer ist die Regenbogenforelle.

Dieser bei uns längst eingebürgerte amerikanische Verwandte der einheimischen Bachforelle hat diese dank seiner geringeren Ansprüche und seines schnelleren Wachstums stark zurückgedrängt.

Durch gezielte Besatzmaßnahmen versuchen jedoch viele Fischereivereine, auch die Isarfischer, die Bestände der Bachforelle wieder zu aktivieren.

Ein enger Verwandter der beiden ist der Huchen, der einstige „König der Isar", der eine Länge von weit über einem Meter erreicht. Die Wiedereinbürgerung des lange vom Aussterben bedrohten Fisches ist trotz einiger Erfolge nicht gesichert. In der Isar dürfte ihm der in den letzten Jahren extrem niedrige Wasserstand im Sommer und die damit verbundene starke Erwärmung des Wassers zu schaffen gemacht haben. Auch die immer intensivere Freizeitnutzung stellt für den scheuen Fisch ein Problem dar.

Alle längeren Gewässer werden in ihrem Verlauf je nach Fließgeschwindigkeit in Gewässerabschnitte eingeteilt, die bestimmten „Leitfischen" zugeordnet werden. Die Isar im Raum München wird danach als „Äschenregion" bezeichnet.

Leider ist die Äsche trotz ganzjähriger Schonung hier nur noch relativ selten anzutreffen.[4] Dieser Rückgang der Bestände ist nicht auf die Isar beschränkt, sondern auch an anderen oberbayerischen Flüssen zu beobachten. Die Gründe sind weitgehend ungeklärt, wenn auch den fischfressenden Vögeln Gänsesäger und Kormoran eine nicht unbedeutende Rolle zukommt.

Ähnlich erging es den Nasen, die noch vor gar nicht langer Zeit in riesigen Schwärmen die Isar bevölkerten. Bei ihnen scheint sich allerdings in letzter Zeit eine Verbesserung der Situation abzuzeichnen.

Wenn man von Passanten auf große Fische hingewiesen wird, dann handelt es sich meist um Barben mit ihren deutlichen Bartfäden. Sie stehen gerne in der stärksten Strömung und wirken wie am Boden festgeklebt.

Neben diesen Fischarten gibt es noch nennenswerte Bestände von Aiteln (Döbeln), Aalrutten, Aalen, Hechten und den kleinen Mühlkoppen, die man selten zu Gesicht bekommt, weil sie sich unter Steinen verbergen.

4 Demgemäß wäre die Münchner Isar eher der Forellen- oder Barbenregion zuzuordnen.

Regenbogenforelle im Laichkleid

Bachforelle mit den charakteristischen roten Punkten

Äsche

Barbenschwarm in der Laichzeit

Huchen in der Mitte, unten Äsche, oben ein Weißfisch

Nase

Doch insgesamt ist die Artenvielfalt, wie in allen Gewässern, rückläufig. Hoffnungen auf eine Verbesserung dieser Situation verbinden sich mit der vorerst abgeschlossenen Renaturierung und der Anlage von Fischpässen, die es Fischen ermöglichen, ihre Laichplätze am Oberlauf zu erreichen.

Mehr oder weniger unlösbar ist der Konflikt zwischen den Betreibern der Wasserkraftwerke an den Isarkanälen und den ökologischen Interessen des Flusses. Die Kraftwerke brauchen für einen rentablen Betrieb eine bestimmte Wassermenge, wodurch im Fluss oft nur die garantierte Restwassermenge verbleibt oder besser: verbleiben sollte.

Bleibt noch die zweite Frage zu beantworten, ob man die Fische aus der Isar auch essen kann. Auf einer ganz pragmatischen Ebene ist die Frage mit einem eindeutigen „Ja" zu beantworten und darauf hinzuweisen, dass Hunderte von Fischern an der Isar sie mit Genuss verzehren, ohne dass man je von gesundheitlichen Beeinträchtigungen gehört hätte.

Stellt man die Frage allerdings differenzierter und fragt nach der Schadstoffbelastung, dann könnte man sich auf den Hinweis beschränken, dass die Isar mit Gewässergüteklasse II als nur „mäßig belastet" gilt.

Das heißt aber nicht, dass die Fische frei von Schadstoffen sein müssen. Sowohl durch Einschwemmungen der Landwirtschaft als auch durch einen Chemikalien-Cocktail aus Industrie und Haushalten, der unsere Kläranlagen weitgehend ungefiltert passiert, gelangen solche Giftstoffe auch in die Isar. Das gilt aber für alle unsere Fließgewässer und insbesondere für die Meere, in denen sich diese Schadstoffe ansammeln.

Bei Messungen hat man jedoch nirgends Schadstoffkonzentrationen gefunden, die man als gesundheitsgefährdend bezeichnen könnte.

Die zu Grunde liegende Problematik gilt jedoch für fast alle unsere Lebensmittel, beim Trinkwasser angefangen.

Wenn Ihnen also ein befreundeter Isarfischer eine Forelle schenken will, sollten Sie ungeniert zugreifen. Sie ist bestimmt nicht stärker belastet als ein Fisch aus dem Fischgeschäft.

Die Bachauskehr

Alljährlich im Herbst werden alle Nebengewässer der Isar, also die Stadtbäche im engeren Sinn, der Auer Mühlbach und die Bäche des Englischen Gartens so weit abgesenkt, dass man sie von allem Unrat befreien und Ausbesserungsarbeiten an den Ufern vornehmen kann. Nicht zu glauben, was da alles zutage kommt: vom Fahrrad über den Einkaufswagen bis zur ausgedienten Autobatterie! Sobald das Wasser zurückgegangen ist, treten die Isarfischer in Aktion. Beim so genannten Abfischen werden die zurückgebliebenen Fische auf schonende Weise elektrisch betäubt und in die Isar umgesiedelt.

Isarfischer beim Abfischen im Schwabinger Bach

Die übrige Tierwelt und der Naturschutz

Bei Spaziergängen an der „Hauptpromenade" am renaturierten Fluss sind in der Regel Hunde die einzigen Tiere, die einem begegnen, dafür aber in einer erstaunlichen Artenvielfalt. Doch abseits der stark frequentierten Wege lassen sich auch „wilde" Tiere beobachten.

Für sie bildet die Isar mit den sie umgebenden Grünflächen und Seitengewässern eine ideale Eintrittspforte in die Stadt. Sie finden hier vielfach bessere Lebensbedingungen vor als auf dem von Monokulturen dominierten Land. Das gilt insbesondere für Singvögel und Insekten. Immer mehr Stadt-Imker machen sich das zunutze.

Aber auch andere Tiere besiedeln immer häufiger nicht nur die Isarauen, sondern auch ausgesprochen städtische Bereiche. Nicht alle sind hier gern gesehen.

Seien es Marder, die sich an der Verkabelung von Autos vergreifen, Füchse, deren Hinterlassenschaften – inclusive Fuchsbandwurm – Ängste erzeugen, Krähen, die Mülleimer auf Nahrungssuche durchwühlen und ihren Inhalt in der Umgebung verteilen – sie gibt es allerdings an der Isar nicht häufiger als in öffentlichen Anlagen, in Parks und Friedhöfen.

Spezielle Bewohner der Isar und ihrer Nebengewässer sind neben Fischen die verschiedenen Wasservögel. Die meisten von ihnen sind gern gesehen, es gibt aber auch hier „Problemtiere". Zu ihnen später.

Den Hauptanteil bilden Stockenten, die Männchen herausgeputzt mit einem blau schillernden Kopf und buntem Federkleid, die Weibchen in verschiedenen Varianten, aber immer dezent gekleidet. Wesentlich mehr machen da schon die exotischen Mandarinenten her, die aus China stammen, immer paarweise auftreten und sich offensichtlich bei uns sehr wohlfühlen.

Natürlich sind auch andere Wasservögel an der Isar heimisch: So mischen sich Blässhühner, Reiherenten und im Winter Scharen von Möwen unter die Stockenten. Auch Kolonien von Grau- und Kanadagänsen, die noch vor Jahren fast ausschließlich in Parks anzutreffen waren, breiten sich immer weiter aus. Das gilt auch für die Schwäne, deren Lieblingsrevier sich zwischen der Tierparkbrücke und dem Flauchersteg befindet.

Da war doch eben was! Ein Fisch? Nein, meist handelt es sich um den winzigen Zwergtaucher, der kaum auffällt, wenn er sich — meist zu zweit — zwischen anderen Wasservögeln verbirgt. Doch kaum hat man ihn gesehen, ist er – schwups! – auch schon wieder auf Tauchstation. Es kann lange dauern, bevor er an unerwarteter Stelle wieder auftaucht.

Ein Vogel, den nur aufmerksame Isarbesucher zu Gesicht bekommen, ist die Wasseramsel. Dieses scheue Tier profitiert einerseits von der Renaturierung, weil der abwechslungsreiche Gewässerboden ihm die Nahrungssuche erleichtert, andererseits bereiten ihm die vielen Menschen, die an schönen Tagen die Ufer bevölkern, Probleme. Insgesamt gibt es aber eine ansehnliche Population von Wasseramseln an der städtischen Isar. Mit einiger Geduld kann man sie überall am Fluss beobachten, wie sie pfeilschnell über die Wasseroberfläche schwirren und unvermittelt ins Wasser eintauchen. Die Wasseramsel ist etwas kleiner als eine Amsel und hat einen weißen Brustfleck.

Kommen wir noch einmal zu den Tieren an der Isar, die nicht von allen gern gesehen werden.

Vielfach wird er für eine ganz normale Ente gehalten. Und doch unterscheidet sich der Gänsesäger von diesen Vegetariern durch seine Ernährungsweise. Man muss schon genau hinsehen, um ihn an seinem spitz zulaufenden, hakenartig endenden Schnabel zu erkennen.

Den braucht dieser pfeilschnelle Unterwasserjäger, um seine Hauptnahrung, kleine Fische, zu erbeuten, was ihn nicht gerade zu einem Freund der Fischer macht.

Aus deren Sicht ist aber vor allem der Kormoran ein problematischer Gewässerbewohner. Für

Kormoran beim Trocknen der Flügel

Eisvogel mit Koppe im Schnabel

Wasseramsel

Zwergtaucher

Gänsesäger

Mandarinenten

ihn bedeuten auch „pfannenreife" Fische kein größeres Problem. Er kann durch seine Fressgier, vor allem für die Teichwirtschaft, zu einer existenzbedrohenden Gefahr werden. Welche Rolle er für den Fischbestand in der Isar spielt, ist umstritten. Vor allem der dramatische Rückgang der Äschen-Population wird vielfach auf ihn, aber auch auf den Gänsesäger zurückgeführt.

In Bayern ist jedenfalls unter bestimmten Voraussetzungen der an sich geschützte Vogel zum Abschuss freigegeben. Diese 2017 auslaufende Ausnahmegenehmigung, die euphemistisch als „Vergrämung" bezeichnet wird, wurde soeben um zehn Jahre verlängert.

Vom Eisvogel dagegen geht keinerlei Gefahr für den Fischbestand aus. Zum einen ist er bei uns selten geworden, zum anderen erbeutet er nur kleine Fischchen und ist allein schon auf Grund seiner Größe mit wenigen zufrieden.

Problematische Vogelfütterung

Die Wasservögel im Stadtbereich sind weitgehend domestizierte Tiere, die ihre Scheu vor dem Menschen und damit ihren Wildcharakter verloren haben. Das gilt insbesondere für die Möwen, die im Winter zu Hunderten an der Isar und an allen größeren städtischen Gewässern einfallen, für einen Großteil der Enten und Schwäne und für die wachsenden Kolonien von Grau- und Kanadagänsen, die nach Angaben der Schlösser- und Seenverwaltung in den Sommermonaten in den Münchner Parks pro Tag 2,6 Tonnen Kot hinterlassen. Die Zahl verwundert nicht, wenn man bedenkt, dass die tägliche Fäkalmenge des Menschen 150, die einer Ente aber 336 Gramm[5] beträgt. Hinzu kommt, dass die menschlichen Keime in modernen Kläranlagen abgetötet werden, die der Vögel aber im Wasser verbleiben. Die Fütterung durch „Tierfreunde" trotz eines generellen Fütterungsverbots beruht zum Teil auf Unkenntnis der Zusammenhänge. Vorbildliche Informationstafeln statt wirkungsloser Verbotstafeln hat die Gemeinde Veitshöchsheim am Main aufgestellt.

Um nicht missverstanden zu werden: Natürlich ist kaum etwas dagegen einzuwenden, wenn Eltern mit kleinen Kindern mit Brotkrumen Schwäne oder Enten anlocken, um sie ihnen aus der Nähe zu zeigen. Gerade in einer Großstadt ist das eine schöne Möglichkeit, Kinder an die Tierwelt heranzuführen. Das hat aber nichts zu tun mit den Fütterungsorgien, die man vor allem an Wochenenden beobachten kann.

5 Quelle: Bayerisches Staatsministerium für Landesentwicklung und Umweltfragen.

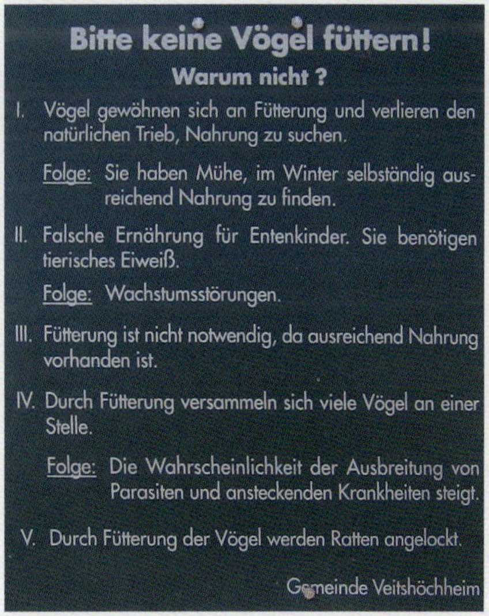

Bis zu 400 Schwäne wurden hier – zwischen Tierparkbrücke und Flauchersteg – schon gezählt.

Ein im Wasser lebendes Säugetier, den Fischotter, hat man bisher noch nicht im Münchner Raum angetroffen. Dieses der Familie der Marder zugerechnete Tier war lange vom Aussterben bedroht, sein Bestand scheint sich aber in manchen Regionen erholt zu haben. Da seine Leibspeise Fische sind, wie schon sein Name nahelegt, wird er dort bereits als zusätzliche Bedrohung des Fichbestandes gesehen.

Einen anderen, aus Sicht der Fischerei nicht so problematischen Isarbewohner wird man im Stadtbereich kaum zu Gesicht bekommen, da er vorwiegend in den Abendstunden und nachts unterwegs ist. Immer häufiger dagegen stößt man auf Spuren dieses vegetarischen Nagers: angenagte und auch „gefällte" Bäume. An den Ufern kann man seine Gänge finden, auf denen er seine „Burgen" am Wasser verlässt. Nicht zu übersehen sind die Burgen selbst, teilweise wahre Gebirge von aufgehäuften Ästen, unter denen sich der Eingang verbirgt.

Galt der erste Biber an der Kleinen Isar beim Deutschen Museum noch als Sensation, so ist er heute fast an jedem Gewässer im Stadtgebiet anzutreffen. Deshalb findet man auch in seinen Revieren zunehmend von Drahtgeflecht ummantelte Baumstämme.

Biber ...

... und sein Werk

Bibergang und -bau an der Isar

Was in Auwäldern kein Problem ist, stellt sich in landwirtschaftlich genutzten Gebieten und Parks immer mehr als solches heraus. Deshalb gilt in Bayern wie für den Kormoran auch für den Biber: „Problembiber" dürfen abgeschossen werden. Auch für ihn soll diese Ausnahmeregelung wie für den Kormoran verlängert werden. Das ist z.B. dann der Fall, wenn er Dämme untergräbt.

Andererseits wirkt er auch als Landschaftsgestalter, indem er in unserer durchorganisierten Natur durch seine Dammbauten völlig neue Gewässersituationen schafft.

Zahlen zu den „Problemtieren" Kormoran und Biber in Bayern (SZ vom 3.3.2017)

Kormoran:

- Zahl der in Bayern lebenden Brutpaare: 500 bis 600, also rund 1.200 Tiere (+ Nachwuchs). In der kalten Jahreszeit kommen dazu 6.500 bis 7.500 Tiere von Nord- und Ostsee zum Überwintern.
- Zahl der getöteten Tiere: 7.000 bis 8.000 pro Jahr, was in etwa der Zahl der Überwinterer entspricht.

Biber:

- Zahl der Biber in Bayern: 18. 000
- Abgeschossene Tiere: 1.300 bis 1.400 pro Jahr
- gemeldete Schäden 2016: 600.000 €, die übrigens vom Staat ersetzt werden.

Die Situation des Naturschutzes an der Isar.

Mit unserer Einstellung zum Naturschutz verhält es sich ähnlich wie mit unserer Haltung gegenüber Tieren. Naturschutz ist schon recht, aber nur, wenn er nicht unserem persönlichen Vorteil im Weg ist. Schließlich sei der Mensch die Krone der Schöpfung.

Einerseits werden riesige Bauprojekte gestoppt, wenn dadurch der Lebensraum von seltenen Tieren oder Pflanzen bedroht ist. So geschehen zum Beispiel vor 10 Jahren, als der Bau der Dresdner Waldschlösschenbrücke wegen des Vorkommens einer seltenen Fledermausart, der Hufeisennase, verschoben werden musste. Andererseits setzen sich betroffene Bevölkerung und bayerische Staatsregierung zum Beispiel am Riedberger Horn nicht nur über bayerisches, sondern auch über EU- und internationales Recht hinweg, weil sie sich von einer „Skischaukel" wirtschaftlichen Gewinn versprechen. Auch bei den Debatten um einen dritten Naturpark in Bayern geht es vorwiegend um wirtschaftliche Interessen. Die Nutzung des Waldes ist großen Teilen der betroffenen Bevölkerung wichtiger als sein Schutz.

Was die Isar betrifft, so ist der gesamte städtische Isarraum Landschaftsschutzgebiet, und seit dem Jahr 2000 gilt das Isartal zusätzlich sogar nach EU-Recht als Flora-Fauna-Habitat. Ziel dieser so genannten FFH-Richtlinie ist es, die Lebensräume und Artenbestände im jeweiligen Schutzgebiet in einem guten Zustand zu erhalten. Nach beiden Richtlinien ist eine Verschlechterung des gegenwärtigen Zustandes ausdrücklich verboten. Dieses Verbot hindert jedoch weder verschiedene Veranstalter, Interessenverbände oder die Stadtverwaltung, immer wieder über intensivere (kommerzielle) Freizeitnutzung an der Isar nachzudenken. Sei es die vorwiegend gastronomische Nutzung einer Isarinsel unter dem irreführenden Begriff „Kulturstrand" oder die geplante Nutzung eines historischen Kraftwerks in den Maximiliansanlagen als Wirtshaus mit Biergarten.

Dass man an den gut mit öffentlichen Verkehrsmitteln erreichbaren Tierpark ein riesiges Parkhaus bauen will, nur weil an wenigen Tagen im Jahr die dortigen Parkplätze überlastet sind, geht in dieselbe Richtung. Oder denken wir an die geplante Bade- und Bootsverordnung.

Dass durch die Liberalisierung des Bootsverkehrs der Lebensraum des Huchens, auf dessen Wiedereinbürgerung man so stolz ist, zusätzlich bedroht wird, scheint dabei keine Rolle zu spielen. Vergessen ist auch, dass die künstlich angelegte Weideninsel, die längst in das Strandleben einbezogen ist, ursprünglich als Vogelschutzinsel geplant war. Keine Rede auch von einem immer wieder angeregten Badeverbot an der besonders schützenswerten Kleinen Isar – stattdessen die Idee eines Flussbads.

Aber man hat ja ein gutes Alibi: die so erfolgreiche und allseits mit Recht gerühmte Renaturierung, die alles überstrahlt. Sie ist allerdings nicht als Naturschutzprojekt, sondern im Rahmen eines Hochwasserschutzprogramms entstanden und kommt heute weitgehend der Freizeitnutzung zugute.

Die Isarinseln zwischen Großer und Kleiner Isar

Bis zur Reichenbachbrücke fließt die Isar in einem einzigen Flussbett. Erst dort teilt sie sich in zwei Arme, wovon der stadtnahe linke als Große und der rechte als Kleine Isar bezeichnet wird.

Diese Situation ist im Wesentlichen eine Folge von Regulierungsmaßnahmen. Einerseits war man bestrebt, den Hauptstrom möglichst nahe an der Stadt entlangzuführen, um so die Versorgung der Stadtbäche und einen geregelten Ländbetrieb für die Flößerei aufrecht zu erhalten. Daraus entwickelte sich im Laufe der Zeit die kanalisierte Große Isar. Sie fließt schnurgerade und durch hohe Kaimauern begrenzt, tief unter dem Straßenniveau und wird deshalb auch oft als Isarkanal bezeichnet.

Andererseits galt es, bei Hochwasser die Fluten möglichst von der Stadt fernzuhalten. Diese Aufgabe sollte ein östlicher Isararm, die heutige Kleine Isar, übernehmen. Durch ständige wasserbautechnische Maßnahmen versuchte man seit dem Ende des 17. Jahrhunderts, die beiden Arme in das vorgesehene Bett zu zwingen. Dabei spielte von Anfang an die Abzweigung der Kleinen von der Großen Isar die entscheidende Rolle. Wieviel Wasser musste beziehungsweise durfte im Hauptstrom verbleiben, wieviel von der Stadt weggeleitet werden? Dies versuchte man zunächst durch so genannte Überfälle von der höher fließenden Großen in die Kleine Isar in den Griff zu bekommen und ab 1858 durch das Muffatwehr.

Im Zuge dieser Maßnahmen bildeten sich zwischen den beiden Armen aus einstigen Kiesinseln – gefördert durch Ablagerungen von Bauschutt – die heutige Museumsinsel, auf der bereits 1705 mit dem Bau einer Kaserne begonnen wurde, und die Praterinsel. An deren Nordspitze, die auch als Schwindinsel bezeichnet wird, kommt es zu einer Vereinigung der beiden Arme.

(Siehe auch das Kapitel „An der Kleinen Isar")

Ein historischer Spaziergang über die Inseln

Seit dem Bau des Muffatwehrs[6] Mitte des 19. Jahrhunderts war es möglich, über dieses Wehr vom südlichen Hochwasserbett über die Kohleninsel, die heutige Museumsinsel, zwischen den beiden Flussarmen bis zur Maximiliansbrücke zu spazieren. Conrad lässt eine Abendgesellschaft nach einem Besuch des Gärtnerplatztheaters diesen Weg einschlagen. Dieser *„einsamste, sicherste und abwechslungsreichste"* Weg wurde erst durch den Bau der Corneliusbrücke um 1900 unterbrochen.

Vielleicht ergibt sich mit dem Abschluss der Arbeiten im Umfeld des Deutschen Museums wieder eine Möglichkeit für einen solchen Spaziergang zwischen den beiden Isararmen, wenigstens von der Cornelius- bis zur Maximiliansbrücke.

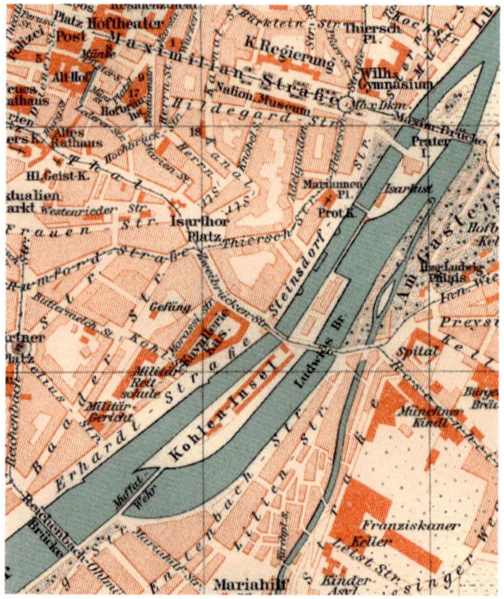

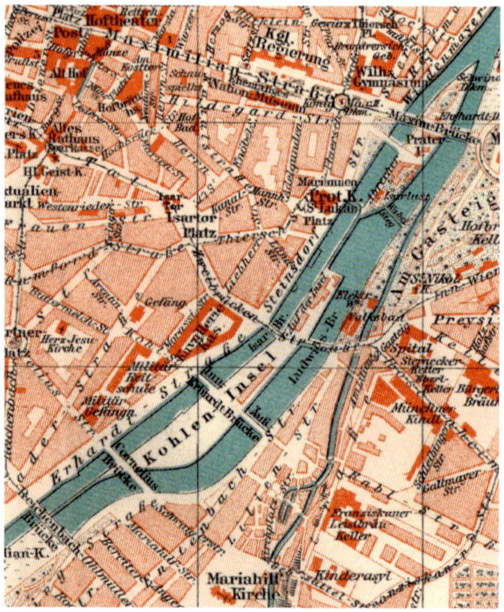

Die Isarinseln 1896 und 1906 und die veränderte Situation durch das Muffatwehr

6 Siehe das Kapitel „An der Kleinen Isar"

Die Museumsinsel

Manchem auswärtigen Besucher des Deutschen Museums ist sicher nicht bewusst, dass er sich hier auf einer Insel zwischen zwei Isararmen befindet. Ursprünglich war sie eine der vielen temporären Kiesinseln, die im Laufe der Jahrhunderte entstanden und wieder verschwanden und als Gries bezeichnet wurden. Doch schon auf Plänen vom Anfang des 17. Jahrhunderts hat sie feste Gestalt angenommen und ist mit Bäumen bewachsen. Eine hölzerne Brücke führt über drei Isararme und den Auer Mühlbach.

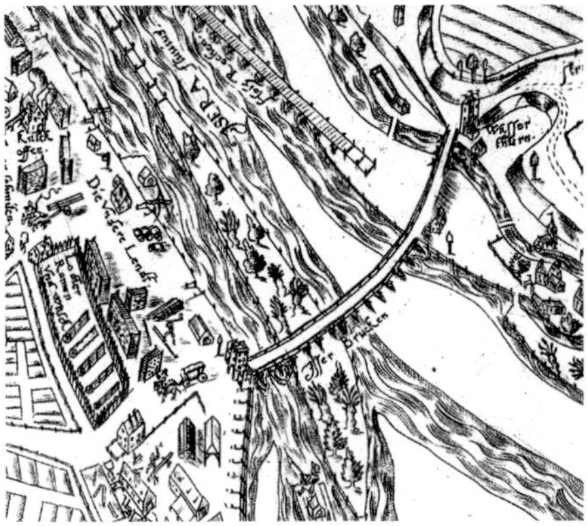

Die Isarbrücke (Ausschnitt)
Karte Tobias Volckmer d. J. von 1613

Die Museumsinsel ist heute mit einer Länge von 863 Metern und einer Breite von knapp 200 Metern die größte der Münchner Isarinseln. Sie wird durch die Verbindung der beiden Ludwigsbrücken – der inneren über die Große und der äußeren über die Kleine Isar – in eine südliche und eine nördliche Hälfte geteilt. Bis ins 18.Jahrhundert wurde die ganze Insel einfach als Isarinsel, ohne jeden Zusatz, bezeichnet.

Eine erste Bebauung erfolgte in den Jahren zwischen 1705 und 1715 durch einen Kasernenbau, der nach ständigen Hochwasserschäden bereits zwischen 1772 und 1781 durch den kompletten Neubau einer Kavallerie-Kaserne ersetzt wurde. Auf Stadtplänen des 19. Jahrhunderts ist die Insel jetzt mit „Alte Isarkaserne" bzw. „Artilleriekaserne" beschriftet. (Erst auf Plänen in Meyers Konversationslexikon von 1896 und im Brockhaus von 1899 taucht der Name Kohleninsel offiziell auf.)

Doch auch diese Kaserne erfüllte ihren Zweck nur wenige Jahre. Bereits 1817 entstand an der heutigen Erhardtstraße, da, wo sich das Deutsche Patentamt befindet, die Neue Isarkaserne. Die alte diente nur noch als Behelfsunterkunft, zum Teil auch für Kriegsgefangene. Anschließend wurde sie für wenige Jahre teilweise vom Städtischen Arbeitsamt genutzt, bis man sie als Ausstellungsgelände entdeckte.

Für die „II. Kraft- und Arbeitsmaschinenausstellung" 1898 errichtete man einen Ausstellungspalast, in den die Reste der Kaserne einbezogen wurden. Empfangen wurden die Gäste in einer neuklassizistischen Eingangshalle an der Ludwigsbrücke, gekrönt wurde der Komplex von einem neubarocken Turmgebäude in der Mitte. Man verließ die Ausstellung über einen Restaurant-Anbau im Süden. Als weitere Zugänge entstanden zwei Holzbrücken über die Große und Kleine Isar, die innere und äußere Erhardtbrücke. Als besondere Attraktion wurde die Kleine Isar aufgestaut und neben dem Gebäude ein Holzturm errichtet, von dem man auf Booten, die auf Schienen liefen, ins Wasser der Kleinen Isar rutschen konnte. Unsere „Spaßbäder" lassen grüßen!

Bootsrutsche während der Ausstellung 1898

Wie stolz man auf diesen protzigen Museumsbau war, dokumentiert eine ganze Serie von Künstler-Postkarten, von denen drei hier wiedergegeben werden.

Ausstellungsgebäude der
II. Kraft- und Arbeitsmaschinen-
Ausstellung 1898

1899 riss ein Hochwasser den Großteil der Ausstellungsgebäude weg, nur die alten Kasernengebäude blieben weitgehend stehen. In diesen ging ein reduzierter Ausstellungsbetrieb noch eine Zeit lang weiter, z.B. in Form einer Geweih-Ausstellung.

Die Insel wurde nun — überschwemmungssicher befestigt — zu attraktivem Bauland und regte die Fantasie von Architekten an. Der kühnste Plan sah einen stadtnahen Bahnhof zur Entlastung des Hauptbahnhofs vor. Den Zuschlag erhielt jedoch Oskar von Miller mit der Idee eines nationalen technischen Museums. Während der Zeit der Planung wurde der Platz vor den Resten der Ausstellungsgebäude von Karussels der Auer Dult eingenommen, die sich damals vom Mariahilfplatz bis hierher ausgedehnt hatte.

1906 wurde der renommierteste Architekt der Stadt, Gabriel von Seidl, mit dem Projekt beauftragt, das nach seinem Tod 1913 sein Bruder Emanuel weiterführte.

Durch den Ersten Weltkrieg kam der Bau jedoch ins Stocken. Eines der folgenden Fotos zeigt das neu eröffnete Museum 1925 ohne die späteren Anbauten mit Bibliothek und Kongresssaal. Das Hauptgebäude der Kaserne steht noch.

Wenn man heute im Museumshof vor dem Eingang ins Museum steht, hat man im Rücken den Bibliothekstrakt mit einer technischen Bibliothek.

Dieser Bau entstand ebenso wie der Kongresssaalbau, den man von der Ludwigsbrücke aus betritt, erst ab 1928. Nach seiner Vollendung 1935 wurde er als Kulisse für die alljährlichen Aufmärsche der Führungsriege der Nationalsozialisten am 9. November genutzt.

Der heute ungenutzte Kongresssaal hat eine durchaus ruhmreiche Vergangenheit. Nach dem Zweiten Weltkrieg war er bis zur Eröffnung des Herkulessaals 1953 Münchens einziger Konzertsaal. Und auch danach traten Lokalmatadore wie Max Greger, aber auch internationale Größen wie Louis Armstrong, Ella Fitzgerald und Duke Ellington dort auf. Mit der Eröffnung der Philharmonie auf dem Gasteig begann der Niedergang des Saales. Nach der Privatisierung waren einem IMAX-Kino und einem Großplanetarium nur kurze Gastspiele vergönnt. Seit 2010 ist der ganze Komplex mit vielen Nebenräumen geschlossen.

Doch im April 2017 hat sozusagen ein Blitz eingeschlagen. „Blitz", so heißt ein für 800 Gäste zugelassener Club im ehemaligen Kongresssaal. Dort sollen auch internationale Künstler auftreten. Nebenbei gibt es ein vegetarisches Restaurant, ein Biergarten ist geplant. Das alles allerdings nur für fünf Jahre, bis man sich über die endgültige Nutzung im Klaren ist. Ob der ganze Komplex langfristig einer Generalsanierung unterzogen oder abgerissen und durch einen Neubau ersetzt werden soll, steht in den Sternen.

Das hängt auch von der Frage ab, ob es sich nach Meinung der Experten bei dem Gebäude des Architekten German Bastelmeyer um ein schützenswertes

Auer Dult vor dem späteren Deutschen Museum und auf der Kalkinsel. Aufnahme von 1906

Die alte Isarkaserne, davor Bauhütten für den Bau des Museums. Aufnahme von 1908

Objekt des Neoklassizismus oder einen Vorläufer des Baustils der Nationalsozialisten handelt. Entscheidungsfindungen sind bei diesem prominenten Objekt auch deshalb so schwierig, weil die beiden nicht immer harmonierenden Brüder Freistaat Bayern

Das Deutsche Museum 1925

Das Museum 1955

und Stadt München und auch noch eine Stiftung mitzureden haben.

Auf jeden Fall soll ein attraktives Entree zum Deutschen Museum entstehen, das dann nicht mehr sozusagen über den Hinterhof betreten werden muss. Für die weitere Nutzung lautet das Stichwort: „Forum der Zukunft".

Das Museum im Oktober 2017

Über das Deutsche Museum muss man nicht viele Worte verlieren. Schließlich ist es eines der größten Wissenschafts- und Technikmuseen der Welt. Allerdings ist es mittlerweile in die Jahre gekommen und wird seit 2010, nachdem Bund und Land sich geeinigt haben, sich die voraussichtlichen Kosten von 400 Millionen Euro zu teilen, schrittweise einer grundlegenden Sanierung unterzogen.

Die Neugestaltung der Außenanlagen an Großer und Kleiner Isar wurde kürzlich weitgehend abgeschlossen. Zurzeit werden einige Ausstellungen aktualisiert und sollen 2019 neu eröffnet werden. Bis 2025 sollen alle Sanierungmaßnahmen abgeschlossen sein.

Doch auf eine Neuerung darf man sich schon jetzt freuen: Auf dem Dach der in den Achtzigerjahren eröffneten Luft- und Raumfahrthalle soll schon bald ein Café eröffnet werden.

Der Vater-Rhein-Brunnen

„Ja, was tut denn der da?" – Gemeint ist die Bronzefigur des Vaters Rhein auf einer Isarinsel. Er bildet den markanten

Vater-Rhein – alias Neptun

Höhepunkt einer Brunnenanlage, getrennt vom Deutschen Museum durch die Zweibrückenstraße über die Innerere und Äußerere Ludwigsbrücke. Der Brunnen wurde 1903 von Adolf von Hildebrand für Straßburg entworfen. Nach dem Ende des Ersten Weltkriegs, als das Elsass wieder französisch wurde, bauten die Franzosen die deutsche Brunnenanlage 1918 sogleich ab, und 1929 wurde sie an ihrem heutigen Platz wieder aufgestellt.

Wie soll man diesen Inselteil, der durch einen langen Wehrsteg zwischen Großer und Kleiner Isar mit der Praterinsel verbunden ist, eigentlich nennen? Da herrscht auch in der einschlägigen Literatur große Verwirrung. Etwas Licht ins Dunkel bringen die alten Bauakten der fünf Häuser, die dort standen und auf den Anfang des 19. Jahrhunderts zurückgehen.

In ihnen taucht immer wieder die Adresse „Kohleninsel", interessanterweise wenigstens auch zweimal „Kohlinsel", auf. Vermutlich ist die Bezeichnung auf den Kohlenlagerplatz der Königlichen Münze zurückzuführen, der auf einem Plan von Wolfgang Liebl aus dem Jahr 1779 verzeichnet ist, abgebildet im Kapitel über die Praterinsel[7].

7 Eher von der Hand zu weisen ist ein in der Literatur genannter Zusammenhang mit der Kohlstraße und den dort ursprünglich beheimateten Gärtnereien, da im Bayerischen die Bezeichnung Kohl für Kraut nicht existiert.

Anfang des 19. Jahrhunderts entstanden weitere Häuser, darunter eine Gerberei und Fellhandlung, die aus einer Kuttelwäscherei hervorging.

Mit dem Bau eines Kalkofens wurde die ehemalige Kohleninsel in der Bevölkerung zur „Kalkinsel", eine Bezeichnung, die auch durch das Stadtadressbuch von 1880 bestätigt wird.

Im Vorspann zur offiziellen Adresse „Auf der Insel" steht: *„Beim Volke heißt sie manchmal auch ›Kalkinsel‹, während der nördliche Teil einer östlich gelegenen von der Isar und dem Auermühlbach umflossenen Halbinsel die Benennung ›Kohleninsel‹ führt."* (Hierzu Näheres im Kapitel über die Kalkofeninsel.)

Auch Karl Valentin bestätigt den im Volk gebräuchlichen Namen

Gesamtansicht Vater-Rhein-Brunnen

Kalköfen „Auf der Insel" Nr. 5, um 1905

Die Nord-Ost-Spitze der Kalkinsel mit Gärten. Postkarte von 1908

„Kalkinsel", wenn er für einen seiner „Jugendstreiche" *„auf der Kalkinsel um fünf Pfennige ungelöschten Kalk"* kauft, um damit Fische in der Isar zu betäuben. Mit Kalkinsel kann keinesfalls die ehemalige Kalkofeninsel gemeint sein, auf der sich seit 1870 kein Kalkofen mehr befand. Die Namensänderung setzte sich in der Bevölkerung jedoch nicht eindeutig durch und geriet in Vergessenheit.

Gegen Ende des 19. Jahrhunderts hatte sich der Charakter der Insel, die vorher von Wäschereien dominiert wurde, grundlegend geändert, sehr zum Missbehagen von Michael Georg Conrad. Nachdem er sich über „den schauerlichen Kasten des Maximilianeums" und die Schnapsfabrik auf der Praterinsel ausgelassen hat, fährt er fort: *„ ... weiter hinauf eine stinkige Fell-Niederlage, eine Gipsmühle u.s.w. u.s.w.! Was ließe sich hier Herrliches schaffen, wenn die Isar einmal aus ihrem Bette treten und diese Schandgeschichten fortspülen wollte!"*

Und tatsächlich tat ihm die Isar schon bald den Gefallen. Ein gewaltiges Hochwasser spülte 1899 ein Haus ganz weg und beschädigte die anderen schwer. Ein paar Jahre darauf zerstörte ein weiteres Hochwasser auch den Kalkofen.

Bis zum Bau des Deutschen Museums wurde der brückennahe Inselteil gemeinsam mit dem Vorplatz der ehemaligen

Die Kalkinsel auf einer Postkarte von 1929. Die meisten Gebäude auf der Kalkinsel stehen noch. Rechts hinten das Maximilianeum, in der Mitte auf der Praterinsel das Restaurant Isarlust, durch ein begehbares Wehr mit der Kalkinsel verbunden

Ausstellungsgebäude auf der Kohleninsel von der Auer Dult mit Verkaufsständen und Fahrgeschäften genutzt. (Siehe das Foto im Kapitel über die Museumsinsel.)

1909 wurde auf dem Gelände durch den privaten Wärmestubenverein eine provisorische Baracke als Wärmestube errichtet, die 1930 nach dem Erwerb des Geländes durch die Stadt abgerissen wurde.

Schließlich erwarb 1930 die Stadt das ganze Gelände als Baugrund. Nachdem man sich zunächst auf keine Nutzung einigen konnte, baute man nach langen Debatten auf dem vorderen Teil den Vater-Rhein-Brunnen auf.

Pläne für ein Hochhaus, einen Konzertsaal oder einen Erweiterungsbau des Deutschen Museums wurden verworfen. Doch bis in unsere Tage gibt es immer wieder Vorschläge, die ehemalige Kalkinsel „nutzbringend" zu „verwerten".

In den letzten Jahren hat sich hier eine sommerliche Freilichtveranstaltung mit der Bezeichnung „Kulturstrand" etabliert. Außerhalb dieser „Kulturveranstaltung" ist die ehemalige Kalkinsel ein ruhiges – viele meinen auch allzu ruhiges – Plätzchen.

Die Brunnenanlage wird umringt von schattenspendenden Linden, unter denen es sich auf zahlreichen Bänken nach einem Museumsbesuch oder nach einem Isar- oder Stadtspaziergang gut ausruhen lässt.[8]

Wenn sich dereinst der neue Haupteingang des Deutschen Museums an der Ludwigsbrücke befindet, könnte hier eine Art Freilicht-Foyer für die Museumsbesucher entstehen, falls man die beiden Inselteile – Museumsinsel und Kalkinsel – durch eine Fußgängerbrücke verbinden würde.

Dann hätte man auch die schon so oft gewünschte Uferpromenade, aber nicht auf der stark befahrenen Stadtseite, sondern über die Inseln, beginnend auf der Corneliusbrücke, am Deutschen Museum vorbei, über die neue Fußgängerbrücke, unter einer Kastanienallee an der Großen Isar entlang, über den Wehrsteg bis zur Praterwehrbrücke.

8 So eine Rast ließe sich schön mit einer Bootspartie auf der ruhigen Großen Isar verbinden, wo im 19. Jahrhundert laut Conrad der Münchner Ruderklub „in den Abendstunden seine Übungen" abhielt, wenn es an Stelle des einstigen Bootshauses, das im Adressbuch dort verzeichnet ist, einen Bootsverleih gäbe.

Die Feuerwerksinsel

Die wenigsten Münchner wissen von der Existenz dieser einstigen Isarinsel. Der Name für das Gelände, auf dem heute das Alpine Museum steht, hat nicht unmittelbar damit zu tun, dass dort Feuerwerke abgebrannt wurden, wie man vermuten könnte.

Eine Erklärung findet man in Michael Georg Conrads Roman „Was die Isar rauscht". Er erwähnt dort namentlich einen gewissen Heinrich Burg, der tatsächlich im Stadtadressbuch von 1884/85 mit der Berufsbezeichnung „Pyrotechniker" als Mitbewohner Conrads in der Quaistraße[9] – heute Teil der Steinsdorfstraße – verzeichnet ist.

Er lässt ihn von seiner Wohnung auf die Insel gehen, *„um in geheimnisvollen, zwischen Büschen versteckten Laboratorien in Gestalt von alten, verwitterten Bretterhäuschen seiner pyrotechnischen Zauberkunst zu obliegen..."* Das Hauptgeschäft, die „Privilegierte Kunst-Feuerwerkerei Heinrich Burg" befand sich in der Balanstraße 85. Auf dem menschenleeren Gelände der Feuerwerksinsel machte Burg seine manchmal sicher spektakulären Versuche, die der Insel ihren Namen einbrachten.

1888 wurden das Wehr und die Stege, die die Feuerwerksinsel mit der Praterinsel verbanden, abgerissen, der Zwischenraum mit

Die „verwitterten Bretterhäuschen" des Heinrich Burg auf der Feuerwerksinsel 1863

Mariannenbrücke und „Isarlust". Foto 1900

Steinen und Erdreich aufgefüllt. Seitdem ist die Feuerwerksinsel Teil der Praterinsel. Auf dem befestigten Gelände wurde das Café „Isarlust" für die Besucher der „Großen Deutsch-Nationalen Kunstgewerbeausstellung" errichtet. Hier tagte auch Conrads „Gesellschaft für modernes Leben", traf sich die Münchner

9 Conrad in der Quaistraße 3, Burg auf Nummer 8.

Alpines Museum 2017

Der Kabelsteg

Künstlerszene. (Siehe das Kapitel über die Steinsdorfstraße.) Als das Lokal 30 Jahre später seinen Betrieb einstellte, überließ die Stadt München dem damaligen Deutschen und Österreichischen Alpenverein das Gelände zur unentgeltlichen Nutzung. Es diente jahrelang der Zentralverwaltung des Deutschen Alpenvereins, bis 1996 das Alpine Museum des DAV eröffnet wurde, mit Ausstellungen rund um die Welt der Berge.

Zum Museum gehört die weltweit größte alpine Spezialbibliothek und das neue unscheinbare Café Isarlust, auf dessen Terrasse im Museumsgarten mit seinem alten Baumbestand die Ausstellungsbesucher und Spaziergänger das Rauschen der Isar genießen können.

Als Zugang zum ursprünglichen Café Isarlust entstand von der Stadtseite die Mariannenbrücke, ursprünglich eine schlichte Holzbrücke, die 1928/29 durch die heutige aus Eisenbeton ersetzt wurde.

Von den meisten Passanten unbemerkt, befindet sich hier die entscheidende unterirdische Wasserzufuhr für die Bäche des Englischen Gartens.

Sozusagen die Fortsetzung der Mariannenbrücke bildet der Kabelsteg von 1898 über die Kleine Isar. Bereits stark vom Jugendstil geprägt, ist er auch ohne die ursprüngliche Verkleidung mit Muschelkalkstein eine der schönsten Isarbrücken. Dabei diente er zunächst ganz prosaisch zur Überführung der vom Muffatwerk ausgehenden Stromkabel auf die Stadtseite.

Heute ist der Kabelsteg mit seinen Kiesbänken neben dem Flauchersteg die beliebteste Fußgängerbrücke Münchens.

Praterinsel mit Schwindinsel

Verlässt man den Vater-Rhein-Brunnen in Richtung Norden, so gelangt man über einen langen Wehrsteg mit 10 Schleusentoren zwischen großer und Kleiner Isar auf die einstige Feuerwerksinsel, die heute Teil der Praterinsel ist.

Die Insel erstreckt sich von hier bis zu ihrem Ende nördlich der Maximiliansbrücke, von der sie in zwei Teile zerschnitten wird.

Auf einem Plan von 1779, also lange vor dem Bau der Maximiliansbrücke, wurde das ganze Gelände bis zum Abrechen – heute Praterwehrbrücke – samt der Feuerwerksinsel noch als „Waldl", also Wäldchen, bezeichnet.

Doch bald darauf nutzen die Franziskaner, deren Kloster sich auf dem Gebiet des heutigen Nationaltheaters befand, den nördlichen Teil dieses Wäldchens als „Kugl Platz", wie man einem „Situationsplan des Abrechens" von 1796 entnehmen kann. Man darf sich darunter eine Art Freizeitgelände mit Nutzgarten und Kegelbahn vorstellen.

Nach der Säkularisation kaufte ein gewisser Gruber das gesamte Gelände der Franziskaner, den heutigen Riemerschmid-Komplex, und errichtete die Vergnügungsstätte „Praterwirtschaft".

Über deren Namen schreibt Rambaldi in seinem Münchner Straßenverzeichnis von 1894: *„Vor etwa einem halben Jahrhundert und früher nannte die Mehrzahl der Bewohner Münchens jene Vergnügungsmaschine für kleine und große Kinder, welche wir jetzt Caroussel heißen, einen Brater, wobei man wohl zunächst an das Instrument der Küche, den Bratenwender, dachte. Da nun eines der ersten dieser Spielzeuge hierorts im Prater aufgestellt wurde, möchte dessen Benennung wohl von jenem herrühren. Immerhin war der Münchner Prater, den man wirklich früher auch manchmal mit B schrieb, und eine Sedezausgabe[10] des wienerischen, der seinen Namen vom Prado in Madrid (Wiese, Weide, Anger – grüner mit Blumen bepflanzter Platz in oder bei einer Stadt, der zum Belustigungsorte dient) erhalten haben mag."*

Zunächst eine einfache Holzkonstruktion, wurde die Wirtschaft 1817 in Stein errichtet, 1834 um einen in der Biedermeierzeit sehr beliebten Tanzsaal erweitert und erlangte Berühmtheit über die Grenzen Münchens hinaus.

10 = lokale Ausgabe. Anm. des Autors

Von der Kalkinsel zur Praterinsel

Der Wehrsteg zwischen Museums- und Praterinsel

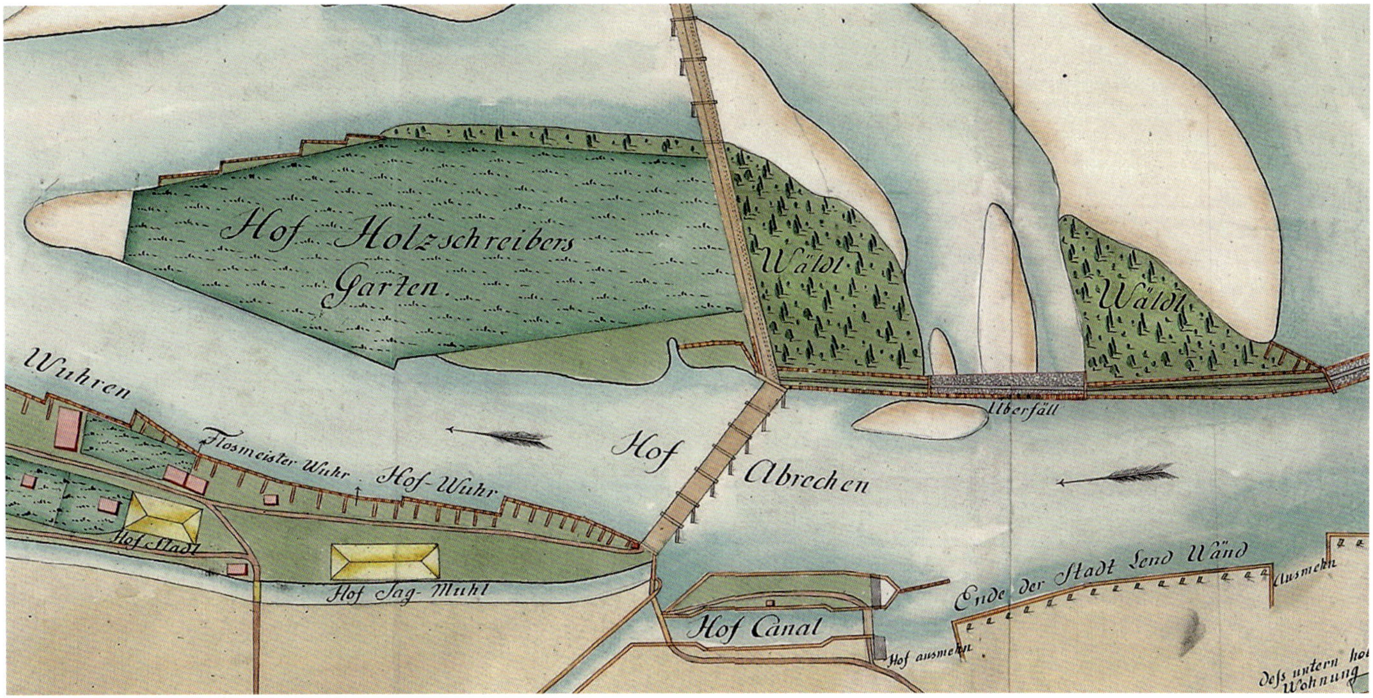

Ausschnitt aus einem Plan von Wolfgang Liebl von 1779

Gedenktafel im Hof des Gebäudes

Die Schwindinsel

Der nördliche Teil der Praterinsel jenseits des Abrechens wird auf Plänen aus dem 18. Jahrhundert als „Anger" bzw. „Garten" bezeichnet. Anfang des 19. Jahrhunderts entstanden jedoch auch hier, gemeinsam mit dem Gruber´schen Anwesen im Süden, vier städtische Gebäude und die Walser´sche Mühle, eine Säge- und Gipsmühle. (Siehe Abbildung im Kapitel über die Maximilianstraße.)

Durch den Bau der Maximiliansbrücke (1857-1863) wurde dieser Inselteil von der Praterinsel abgetrennt. Die Gebäude wurden abgebrochen und 1893 durch einen Park mit einem Denkmal für den 1871 verstorbenen Maler Moritz von Schwind, einen Zeitgenossen von Carl Spitzweg, ersetzt. Seitdem heißt dieser nördliche Teil der Praterinsel Schwindinsel.

Im Zweiten Weltkrieg wurde die Denkmalanlage zerstört und eingeebnet. Lediglich die Bronzebüste blieb erhalten und steht heute im Pausenhof der Grundschule an der Schwindstraße. Der ehemalige Park verwilderte im Lauf der Jahre immer mehr. Diesem Zustand will eine Initiative zur Wiederherstellung von Park und Denkmal ein Ende bereiten.

Die Böschung der Schwindinsel und die angrenzende Fischtreppe wurden beim Hochwasser 2005 unterspült und daher im Winter 2008/09 samt dem Flussbett und den Böschungen der Kleinen Isar einer Generalsanierung unterzogen.

Dass dabei mit sehr viel Beton gearbeitet wurde, erklärt das Baureferat damit, dass nur zwei bis drei Meter unter der Flusssohle der U-Bahn-Stollen der U4 und U5 die Isar unterquert und zusätzlich die Maximiliansbrücke vor möglicher Erosion geschützt werden musste.

Im Laufe des 19. Jahrhunderts veränderten sich jedoch die Freizeitgewohnheiten der Münchner. Durch die Isartalbahn rückten auch entferntere Ausflugsziele im Isartal ins Blickfeld. So war Grubers Sohn und Nachfolger 1867 gezwungen, sein Anwesen zu versteigern.

Anton Riemerschmid erwarb das Gelände und verlegte seine „Königlich-Bayerische privilegierte Weingeist-, Spiritus-, Likör- und Essigfabrik" von der Herrnstraße 13 hierher. Aus dem umfangreichen Areal mit der Adresse „Abrecher 4 und 4½" entstand nicht nur eine Schnapsfabrik, sondern es wurde auch für Wohnzwecke genutzt. So residierte laut Stadtadressbuch von 1875 neben dem Spiritusfabrikanten, wie er sich bezeichnete, im 1. Stock Dr. Joh. Widenmayer, II. Bürgermeister und ab 1888 erfolgreicher 1. Bürgermeister der Stadt.

Die Praterwirtschaft mit Praterwehrbrücke 1850

Über hundert Jahre brannte die Riemerschmid-Fabrik hier ihre weit über Münchens Grenzen berühmten Spirituosen. Geradezu Kultstatus erreichte in den 1960er Jahren der 56%ige Escorial Grün. 1984 jedoch zog die Firma, einem allgemeinen Trend folgend, nach Erding um. Vier Jahre später erwarb ein privater Investor den gesamten Komplex. Nach einer rücksichtsvollen Renovierung brachte er in dem alten Werkstattgebäude mit der Destillerie 18 Künstlerateliers unter. Ein Teil der Gebäude wurde vermietet, und die Orangerie, der Füll-, Zoll- und Wurzelkeller wurden als Ausstellungs- und Veranstaltungsräume umgestaltet.

2006 war jedoch Schluss mit der Künstleridylle. *„Das Ende des Künstlerbiotops. Bis vor einigen Jahren noch voller Ateliers – heute wartet sie nur noch auf ihre Verwertung"*, so lautete eine Überschrift in der Süddeutschen Zeitung vom 03.11.2008. Vom *„subkulturellen Herz der Stadt"* war gar die Rede, das 2006 zu schlagen aufgehört habe, als den Ateliernutzern kollektiv gekündigt wurde.

Die Gebäude wurden an die Augsburger Immobilienfirma Patricia verkauft, die mit der Vermarktung der Räumlichkeiten eine Eventagentur beauftragte, die sie im Internet als *„zentralen Anziehungspunkt für gehobene Events, internationale Kultur- und Kunstereignisse und Veranstaltungen für die Öffentlichkeit"* anpries.

Für künstlerische Veranstaltungen sollten laut einem Zeitungsbericht auch Räume kostenlos zur Verfügung stehen, allerdings fühle man sich an die per Stadtratsbeschluss in den 1980er Jahren festgelegten 65 Prozent kulturelle Nutzung nicht gebunden.

Doch das Konzept des Investors ging wohl – trotz eines im Sommer 2013 eröffneten Restaurants namens „Praterstrand" mit einem trendigen bewirtschafteten Garten – nicht auf. Also verkaufte er das Gelände mit den historischen Gebäuden *„an ein nicht genanntes Münchner Familienoffice"* weiter, wie die Süddeutsche Zeitung am 9. Dezember 2015 berichtete. Im September 2016 wurde nun bekannt, dass der gesamte Veranstaltungsbetrieb jetzt von Feinkost Käfer übernommen wird, wodurch der vom Volksmund geprägte Name Prada-Insel eine zusätzliche Bestätigung erhält.

Diese Einschätzung bestätigt sich, wenn im Internet unter „Praterinsel als Location" zu lesen ist, dass *„die Käfer Gruppe ihr Lokationsportfolio um eine beliebte Veranstaltungsstätte für Events, Kultur und Genuss"* erweitern und *„Freiräume für professionelle Events, Business und Party"* schaffen will. Auf den großen Wurf an diesem historischen Platz zwischen den beiden Isararmen, auf dem sich auch noch ein Wohnhaus und ein Gebäude des Bayerischen Staates befinden, wird man also vermutlich vergebens warten, auch auf den durchgehenden Fußweg vom Kabelsteg auf der linken Seite der Kleinen Isar zur Schwindinsel, den sich schon König Max II. gewünscht hatte.

Diese Chance hat die Stadt verspielt, als sie 1984 versäumte, das zum Verkauf stehende Grundstück zu erwerben. Jetzt heißt die Devise: Rendite statt Stadtplanung.

Die Riemerschmid-Schnapsfabrik 1880

Die Kalkofeninsel – Halbinsel zwischen Kleiner Isar und Auer Mühlbach

Von wo man auch auf die Ludwigsbrücke zugeht, schon von weitem sieht man zwei auffällige unterschiedliche Türme, den Kamin des früheren Muffatwerks und den einstigen Wasserturm des Müller´schen Volksbades.

Beide Gebäude liegen auf einer Halbinsel zwischen Kleiner Isar und Auer Mühlbach, die von der äußeren Ludwigsbrücke bis zur ursprünglichen Mündung des Mühlbachs in die Kleine Isar reicht.

Kalkofeninsel mit Brunnhaus 1858. Im Hintergrund Ludwigsbrücke mir Wehrsteg von der Kohlen- zur Praterinsel

Muffatwerk vom Volksbad aus gesehen

Diese befand sich am Ende eines Spielplatzes, wo heute bei einem Wehr ein als Fußweg dienender Damm zwischen Mühlbach und Isar beginnt. Die Verlängerung des Mühlbachs wurde für den Betrieb des Maxwerks vorgenommen.

Bereits Ende des 18. Jahrhunderts entstand auf der bis dahin unbebauten Halbinsel ein städtischer Kalkofen, dem sie bis heute den Namen Kalkofeninsel verdankt.

Kalköfen

In der neuen Pinakothek hängt ein Ölgemälde von Joseph Wenglein (1845-1919) mit dem Titel „Kalksteinsammlerinnen im Isarbett bei Tölz". Vermutlich hat sich schon mancher Kunstfreund gefragt, was es damit auf sich hat. Kurz zusammengefasst, geht es um folgenden Vorgang: Die aufgesammelten Kalksteine werden in einen mit Holz befeuerten so genannten Kalkofen eingebracht. Bei etwa 900 Grad Celsius wird dem Gestein Kohlendioxid entzogen, das in die Luft entweicht. Der entstandene Branntkalk wird dann mit Wasser begossen und wird so zu Löschkalk. Um daraus Mörtel für den Hausbau herzustellen, werden Sand und Löschkalk im Verhältnis 3:1 mit Wasser vermischt. Beim Trocknen gibt der Mörtel wieder Wasser ab und nimmt gleichzeitig Kohlendioxid aus der Luft auf. Aus dem Bindemittel Mörtel ist wieder eine Art Kalkgestein geworden.

Einen restaurierten Kalkofen mit Erklärungen der Funktionsweise kann man in Lenggries sehen. Zwischen Lenggries und München gab es noch im 19. Jahrhundert eine Vielzahl solcher Kalköfen.

1833 kam es zu einer weiteren Baumaßnahme. Da nämlich das älteste Brunnhaus Münchens „Auf dem Isarberg" den Anforderungen der gewachsenen Stadt nicht mehr genügte, entstand 1833 das nach dem Stadtbaurat Franz Karl Muffat benannte ebenfalls städtische „Brunnhaus auf der Kalkofeninsel". Dafür wurde ein neuer Seitenkanal des Auer Mühlbachs angelegt, der ein sog. Poncelet-Rad antrieb. Dieses setzte Pumpen in Bewegung, die das hier aus kräftigen Hangquellen sprudelnde Wasser in einen Hochbehälter pumpten, von wo es in die Stadt gelangte.

Nach 1870 wurden die Kalkofengebäude wieder abgerissen, nachdem auf der benachbarten nördlichen Kohleninsel, heute nördliche Museumsinsel mit dem Vater-Rhein-Brunnen, ein neuer entstanden war.[11] Wie im Kapitel über den Vater-Rhein-Brunnen dargestellt, wurde dieser Inselteil, zumindest in der Bevölkerung, zur Kalkinsel.

Wie ein Plan aus dem Baedeker-Reiseführer von 1890 zeigt, wurde die bisherige Kalkofeninsel offiziell zur Kohleninsel.

11 Die Adresse lautete „Auf der Insel Nr. 5".

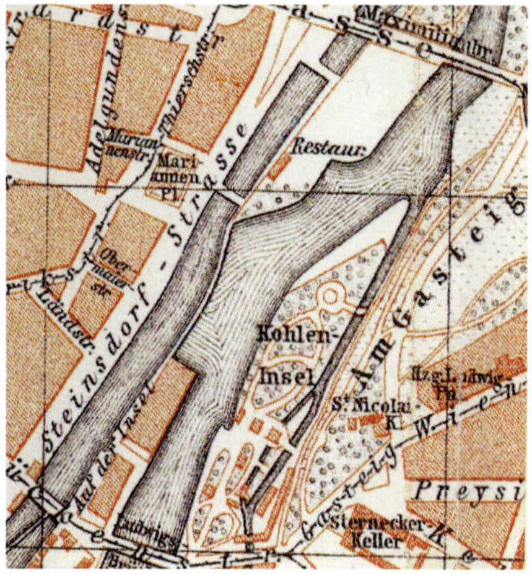

Der neue Name Kohleninsel im Baedeker-Plan könnte damit zu tun haben, dass für das kurz vorher entstandene Muffat-Kraftwerk große Mengen von Kohlen mit Flößen hier angeliefert wurden.

Rechts das Muffat-Brunnhaus, 1870

Graffito an der Außenmauer des Biergartens

Der Name hat sich aber weder in der Bevölkerung noch in der Literatur durchgesetzt. Entweder verwenden die Leute weiter die Bezeichnung Kalkofeninsel oder sie sagen einfach, sie gehen in die Muffathalle oder ins Müller´sche (Volksbad).

Mit der zentralen Wasserversorgung wurde auch das Brunnhaus überflüssig. An Stelle von Kalkofen und Brunnhaus entstand Münchens erstes städtisches Elektrizitätswerk, ein kombiniertes Dampf- und Wasserkraftwerk, das in Erinnerung an den Erbauer des Brunnhauses den Namen Muffatwerk erhielt. Es sollte eine zuverlässige Stromversorgung für die neue elektrische Straßenbeleuchtung und Straßenbahn gewährleisten. Der Direktor des Werkes residierte in einer angrenzenden vornehmen Villa, die 2007 aufwendig restauriert und in Eigentumswohnungen umgewandelt wurde.

Mit dem Bau der Wasserkraftwerke an den neuen Werkkanälen an der Isar verlor das Muffatwerk immer mehr an Bedeutung, wurde aber erst 1973 endgültig stillgelegt. Die riesige Turbinenhalle stand lange Jahre leer, bevor sie zwischen 1990 und 1993 für Konzerte- und Veranstaltungen zur Muffathalle umgebaut wurde, wobei einige Bestandteile der alten Maschinenhalle integriert wurden.

Das kulturelle Angebot reicht von Musik und Lesungen bis zu Tanz und Theater. Das Programm wendet sich vorwiegend an ein jugendliches Publikum. Seit 2005 gibt es in dem Gebäudekomplex auch den Club Ampère, in dem neben Clubabenden auch Konzerte stattfinden.

2002 hat die Muffathalle durch einen Biergarten mit 300 Plätzen eine neue Attraktion erhalten. Vom stark frequentierten Isarradweg durch ein Mäuerchen mit Durchblicken auf die Kiesinseln der Kleinen Isar abgeschirmt, kann man sich hier aus einem reichhaltigen Getränkeangebot und einer kleinen Auswahl an biologischen Gerichten bedienen.

An das einstige Muffatwerk erinnert ein kleines Wasserkraftwerk, das nebenan im Auer Mühlbach seit 2006 wieder in Betrieb ist.

Das Müller´sche, wie es oft einfach genannt wird, ist eine Münchner Institution und das, obwohl es mittlerweile eine ganze Reihe von Hallenbädern

Plakat von der Eröffnung des Volksbads

gibt, die als Erlebnisbäder dem Zeitgeist eher entsprechen. Was das Volksbad immer noch anziehend macht, ist seine Lage am Rand der Altstadt, direkt an der Isar, und seine Architektur. Schon von weitem sieht man die auffallende, reich gegliederte Silhouette, die von einem massiven Turm, dem ehemaligen Wasserturm, überragt wird. Auswärtige halten ihn manchmal auch für einen Kirchturm.

Seine Entstehung geht auf eine zweckgebundene Schenkung des „Civil-Ingenieurs" Karl Bernhard Müller zurück. Fast wäre er jedoch sein Geschenk nicht losgeworden, denn die Standortsuche verlief äußerst schwierig. Wie der Name schon sagt, sollte es ein Bad für das Volk, das heißt, für die ärmeren Bevölkerungsschichten, werden, die zu Hause kein Bad hatten. Die gab es vor allem in den östlichen Vorstädten, in der Au und Haidhausen. Schließlich entschied man sich für den Bauplatz auf der Kalkofeninsel, wo ja nach dem Abbruch des Kalkofens neben dem neuen Muffatwerk noch Platz war.

Vom Muffatwerk übernahm man auch gleich den Architekten Carl Hocheder. Aus seinen Entwürfen entstand in einer langwierigen Bauphase eines der attraktivsten Jugendstil-Bäder weltweit – zwar kein lupenreiner Jugendstil, aber mit seinen neubarocken Elementen auf jeden Fall schön anzuschauen.

Das Müller´sche Volksbad von der Zenneckbrücke aus, die ins Deutsche Museum führt.

Ansicht von hinten. Das Volksbad hat nicht nur eine Schauseite, sondern ist rundum künstlerisch gestaltet.

Der in den Jahren 1978 bis 1984 schrittweise restaurierte und modernisierte Komplex beherbergt heute neben den beiden Schwimmbecken auch eine finnische Sauna, ein römisch-irisches Schwitzbad, ein türkisches Bad und ein Solarium. Natürlich ist auch ein Wannen- und Brausebad vorhanden, wofür es auch heute noch – oder wieder? – einen Bedarf gibt. Ein „Zamperlbad“, wie es in der Anfangszeit bestand, gibt es heute allerdings nicht mehr.

Die große Schwimmhalle

Egal, ob man sich für eine der beiden Schwimmhallen oder eine andere Einrichtung entscheidet, der Besuch des auch im Inneren bis ins kleinste Detail liebevoll gestalteten Ensembles wird auf jeden Fall nicht nur zu einem körperlichen, sondern auch ästhetischen Genuss werden.
Nach dem Schwimmen oder Saunen bietet sich eine Einkehr im ehemaligen Damen-Warteraum an, der zu einem originellen Café-Restaurant umgestaltet wurde. Besonders gemütlich sitzt man im Sommer an den windgeschützten Tischen auf dem Vorplatz.

Blick vom Kabelsteg auf Muffatwerk und Volksbad

Isarbrücken

In diesem Kapitel wird ausschließlich auf die historisch bedeutsamen Isarbrücken im Stadtbereich eingegangen.[12] Einige der in diesem Abschnitt nicht behandelten Brücken finden in anderen Zusammenhängen Erwähnung. Bis auf die älteste Brücke, die Ludwigsbrücke, und die Praterwehrbrücke entstanden sie alle im Rahmen des so genannten Münchner Brückenbauprogramms.

Bei dem verheerenden Hochwasser von 1899 wurden die Brücken schwer beschädigt, manche sind sogar eingestürzt.

Angesichts des Ausmaßes dieser Zerstörungen waren die Planungen zur Renovierung bestehender und den Bau neuer Brücken in Frage gestellt.

Zunächst behalf man sich mit Notbrücken, doch schon zwei Jahre später einigte sich der Magistrat auf ein gewaltiges Bauprogramm von fünf Brücken, mit dem die Firma Sager & Wörner beauftragt wurde. Diese hatte schon vorher von Prinz Luitpold den Auftrag für den Bau der Luitpoldbrücke in moderner Beton-Bauweise erhalten. Mehr oder weniger gleichzeitig waren also sechs Brücken zu errichten. Das war sowohl logistisch wie auch finanziell eine riesige Herausforderung.

Nach einer Bauzeit von weniger als einem Jahr wurde als erste die Max-Joseph-Brücke am 1. September 1902 dem Verkehr übergeben, fast gleichzeitig mit der vom Prinzregenten gesponserten Luitpoldbrücke; im Sommer 1902 begannen gleichzeitig die Bauarbeiten für die Cornelius- und die Reichenbachbrücke. Beide wurden 1903 eröffnet. 1904 waren die Maximilians- und 1905 die Wittelsbacherbrücke fertiggestellt.

12 Für ausführlichere Informationen empfiehlt sich das grundlegende Werk von Christine Rädlinger: „Geschichte der Münchner Brücken" oder Christoph Hackelsbergers „München und seine Isar-Brücken".

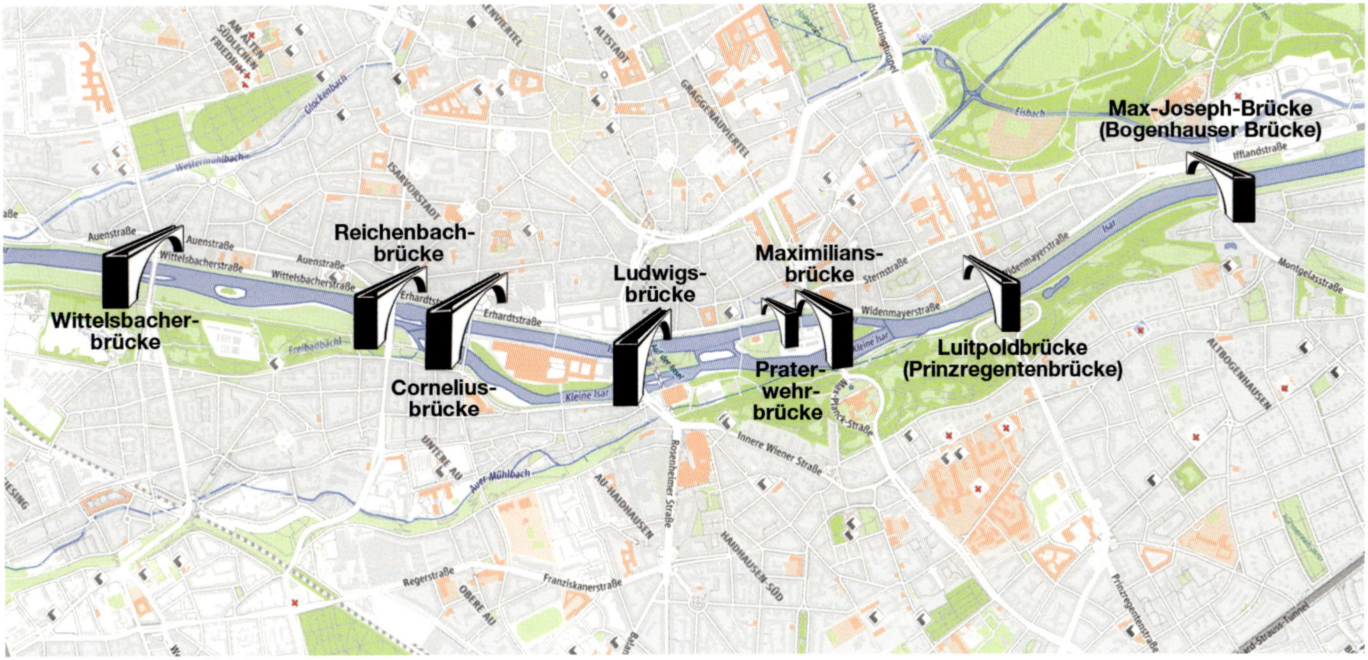

Kartenausschnitt zwischen Wittelsbacher- und Bogenhauser Brücke

Die Ludwigsbrücke(n) und Münchens Gründungsmythos

Wenn München jedes Jahr im Juni das Stadtgründungsfest feiert, dann hängt das eng mit der heutigen Ludwigsbrücke zusammen. Die Geschichte des Welfen Heinrich des Löwen, der den Salzhandel vom Freisinger Hoheitsgebiet Oberföhring auf sein Münchner Hoheitsgebiet umleitete und damit den so genannten „Augsburger Schied" (= Schiedspruch) vom 14. Juni 1158 herbeiführte, in dem zum ersten Mal die Ortsbezeichnung „Munichen" auftaucht, gehört in München sozusagen zur Allgemeinbildung.

Ob das Salz damals durch eine Furt oder auf einer ersten einfachen Brücke über den Fluss transportiert wurde, ist ungewiss. Jedenfalls kam es bald darauf zum Bau einer hölzernen Brücke, etwa einen halben Kilometer vor der befestigten Stadt. Allein für den Zeitraum von 1367 bis 1405 sind in der Münchner Stadtchronik vier Einstürze

Die Brücke mit dem Roten Turm 1767

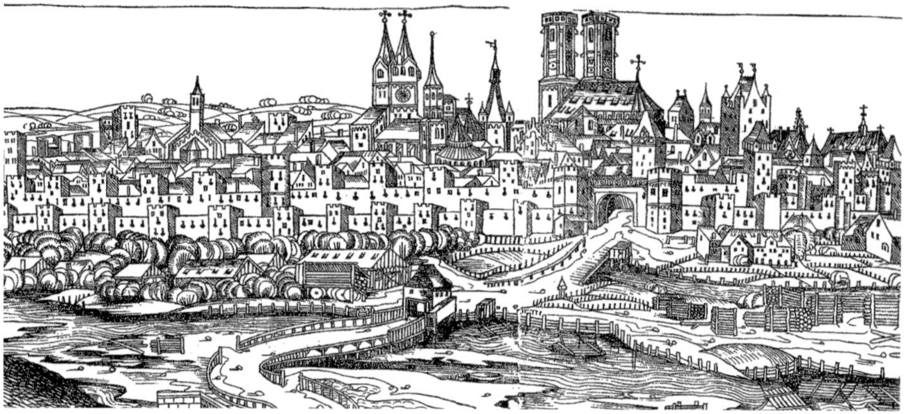

In der Mitte die spätere Ludwigsbrücke, die über die Isar in die Stadt führt. Stich von Michael Wolgemut 1493

dieser Brücke – einfach als „die pruck" bezeichnet – urkundlich erwähnt.

Auf dem Holzschnitt von Michael Wolgemut macht die Brücke bereits einen recht soliden Eindruck. Am stadtseitigen Brückenkopf sieht man auch das 1421 erstmals erwähnte „Torhäusel", den später zum Verteidigungsturm ausgebauten „Roten Turm".[13]

Über die Brücke führte nämlich nicht nur ein wichtiger Handelsweg, sie war auch ein Einfallstor für feindliche Heere. Über sie zogen zum Beispiel 1632 die Truppen Gustav Adolfs in München ein.

Auch im spanischen und österreichischen Erbfolgekrieg im 18. Jahrhundert stand die Brücke im Mittelpunkt des Geschehens. Besonders dramatisch haben sich die teils realen, teils legendären Ereignisse um den Schmied von Kochel ins Stadtgedächtnis eingegraben.

Diese hölzerne Brücke litt nicht nur unter den kriegerischen Ereignissen, sondern auch unter dem alljährlichen Hochwasser, das immer wieder zu teilweisen Brückeneinstürzen und hohem Reparaturaufwand führte.

Deshalb wurde 1725 der Teil der Brücke über die Kleine Isar und den Auer Mühlbach mit steinernen Pfeilern und einem hölzernen Aufbau errichtet und fünfzig Jahre später durch eine komplette steinerne Bogenbrücke ersetzt.

Kurz darauf wurde auch die innere Brücke mit drei Steinbögen neu gebaut.

Trotzdem stürzte während eines verheerenden Hochwassers am 13. September 1813 der über die Kleine Isar führende Brückenteil ein, wobei 107 Schaulustige ertranken. Ein Ereignis, das sich tief ins Bewusstsein der Stadt eingegraben hat.

13 Er wurde 1796 bei kriegerischen Auseinandersetzungen weitgehend zerstört, lediglich ein Seitengebäude wurde als Gastwirtschaft „Roter Turm" weiter genutzt.

Einsturz der Ludwigsbrücke 1813

Erst zehn Jahre später kam es zu einem Neubau, der nach seiner Fertigstellung 1828 zu Ehren König Ludwigs I. als Ludwigsbrücke eingeweiht wurde.

1891/92 zog auch in München das Betonzeitalter ein. Bei der Verbreiterung der äußeren Brücke und dem Neubau der inneren ersetzte man die vorher gemauerten Bögen durch Betonbögen, die mit Steinen verkleidet wurden. Vier mächtige Pylone mit allegorischen Figuren der Fischerei, der Flößerei, der Kunst und Industrie markierten und schmückten auf beiden Seiten das Entree zur Brücke.

Ihr heutiges Erscheinungsbild geht auf einen Neubau von 1934/35 zurück, der im Rahmen der Planung für die Reichsautobahn nach Salzburg entstand und dem Erweiterungsbau des Deutschen Museums mit dem Kongresssaal angepasst wurde.

Die Kriegsschäden, denen auch einer der vier Pylonen zum Opfer gefallen war, wurden 1948 wieder beseitigt. Die verbliebenen drei Pylonen stellte man jetzt an ihrem westlichen Ende auf. 1988 wurden beide Brückenteile saniert. Trotzdem ist das Erscheinungsbild der Brücke — sieht man von den Pylonen auf der Stadtseite ab – eher bescheiden. Eine Aufwertung wird sie vermutlich erfahren, wenn dereinst der ehemalige Eingangsbereich zum Kongresssaal, der dann ins Deutsche Museum führen soll, neu gestaltet ist.

Nicht ohne Reiz dagegen ist ihre Unterquerung für Fußgänger und Radfahrer am östlichen Ufer.

Ludwigsbrücke mit Bebauung "Auf der Insel". Foto 1905

"Bukolika" im Raureif
am südlichen Ende der Unterführung

Zum Schluss ein Gedanke von Christoph Hackelsberger, dem unvergessenen Architekturkritiker der SZ, aus seinem Buch „München und seine Isar-Brücken" von 1981: *„Merkwürdig ist, dass nichts im ganzen Bereich der Brücken auf deren einstige Bedeutung für die Stadt München hinweist. So sehr hatte die Idee der wittelsbachischen Residenz die der welfischen Gründung und der Bürgerstadt überlagert, dass man nicht einmal daran dachte, an den Neubauten der dann ›Ludwigsbrücken‹ getauften Bauwerke jene alten, München konstituierenden Brücken und mit diesen den Stadtgründer zu feiern."*

Ein Versäumnis, das bis heute besteht und Pläne, ein König-Ludwig-Denkmal auf der Corneliusbrücke wieder aufzubauen, in noch seltsamerem Licht erscheinen lässt.

Fußgängerunterführung zum Müller'schen Volksbad

Praterwehrbrücke und Holztrift

Eine Sonderstellung unter den Münchner Isarübergängen nimmt die Praterwehrbrücke ein. Über Jahrhunderte war sie neben der Ludwigsbrücke die einzige, wenn auch nicht offizielle, Möglichkeit, die Große Isar zu überqueren.[14]

An Stelle der heutigen Praterwehrbrücke befand sich seit dem Ende des 16. Jahrhunderts der Abrecher oder Abrechen, ein begehbares Wehr mit einem Holzrechen zum Abfangen des Triftholzes und einem Durchlass für die Flöße, die zum Teil weiter bis Wien fuhren. Dieser Abrecher diente dazu, die etwa zwei Meter langen Stämme, die so genannten Tölzer Prügel, die im waldreichen Oberland zu Wasser gelassen wurden, aufzuhalten und in den Triftkanal zu lenken. Doch nicht alle Prügel erreichten ihr Ziel, viele wurden vorher von der notleidenden Bevölkerung als Brennholz herausgefischt.

Das Triftholz gelangte über den Triftkanal zum Holzgarten, einem Holz-Lagerplatz an der heutigen Prinzregentenstraße. Der Triftkanal wurde nur zur Zeit der Holztrift geflutet, sonst führte er kaum Wasser. 1870 wurde zwar die Holztrift eingestellt, da der Transport des Holzes mit der Eisenbahn mittlerweile einfacher war, der Kanal blieb jedoch noch

14 Ergänzt wurde dieser Übergang durch die Röhrenbrücke, einen Steg für die Wasserleitung vom Brunnhaus in Haidhausen (Preysing-Brunnhaus) über die Kleine Isar zur Praterinsel und weiter zur Residenz.

Die Praterwehrbrücke 1880. Blick gegen Süden; im Hintergrund die Floßlände mit den Flößerwirtschaften und der Ludwigsbrücke. Links die Praterinsel

Bau des Praterkraftwerks

bis 1881 in Betrieb und wurde dann aufgelassen und aufgefüllt. Die heutige Triftstraße im Lehel erinnert noch an ihn.

Der heilige Nepomuk auf der Praterwehrbrücke, dahinter die innere Maximiliansbrücke

Auch an der Kleinen Isar gab es solch einen Abrecher, der zusätzlich als Quellwassersteg diente. Das begehbare Wehr war zwar für die Öffentlichkeit gesperrt, das hinderte jedoch 1744 die österreichischen Truppen nicht, unter Umgehung der befestigten Ludwigsbrücke – die Maximiliansbrücke existierte noch nicht – über den Abrecher in die Stadt einzudringen und dort ein Blutbad anzurichten.

„Am Abrecher" lautete auch die Bezeichnung für eine Straße, die vom westlichen Isarufer über die Praterwehrbrücke, den Abrecher, auf die Praterinsel führte. Im Stadtatlas von 1851 sind unter dieser Adresse eine „Säg- und Gypsmühle", das Triftmagazin, die Rechenmeisterei und auf der Praterinsel selbst der Wohnsitz des Gastwirts G. Gruber verzeichnet, später, laut Adressbuch von 1875, des „Spiritusfabrikanten Anton Riemerschmid". Auf einem Stadtplan von 1898 gibt es die Straße „(Am) Abrecher" nicht mehr, dafür aber die 1896 im Zuge der Uferbefestigungen entstandene Widenmayerstraße, der sie weichen musste.

Die heutige Praterwehrbrücke an Stelle des Abrechers wurde 1966 nach einem schweren Hochwasser gebaut und ist, wie der Name schon sagt, Brücke und Wehr zugleich. Sie ersetzte einen steinernen Brückenbau von 1814/15 an Stelle des hölzernen Abrechers.

Durch den Stau am dortigen Wehr entsteht eine Fallhöhe von etwa 10 Metern bis zum Niveau der Kleinen Isar, mit der sich die kanalisierte Große Isar am Ende der Schwindinsel vereinigt. Dieses Gefälle wurde bei dem vor wenigen Jahren fertiggestellten Praterkraftwerk ausgenützt, das insofern bemerkenswert ist, als von ihm an der Oberfläche kaum etwas zu sehen ist, da sich der Stollen und die Turbine unter der Flusssohle befinden. Der einzige Schmuck der Brücke ist eine Steinfigur auf einem Erker, die 1857 dem heiligen Nepomuk, dem Schutzpatron der Flößer, Seefahrer und Müller, einem verbreiteten „Brückenheiligen", von den Floßmeistern Xaver, Johann und Josef Thadeus Heiß gewidmet wurde, wie die Inschrift besagt. Ein gut gewählter Ort, denn hier, am so genannten Abrecher, endete die reguläre Flößerei.

Floßmeister scheint übrigens ein durchaus einträglicher Beruf gewesen zu sein, denn die drei genannten Mitglieder der Familie Heiß waren laut Stadtatlas von 1850 alle Hausbesitzer. Xaver gehörte das Haus Ländstraße 3, Johann das Haus Floßstraße 3 und Josef Thadeus die Häuser Fabrikstraße 8 und 9. Für 1875 verzeichnet das Stadtadressbuch die nächste Heiß-Generation – Josef, Kaspar, Karl und Andreas – in der Fabrikstraße 12 und 13 sowie in der Floßstraße 3 und 5.

Die Max-Joseph-Brücke – Verbindung des Dorfes Bogenhausen mit der Stadt München

Bogenhauser Brücke ist ihr heute gebräuchlicher Name, weil wir mit Max-Joseph, dem ersten bayerischen König und Vater des späteren Märchenkönigs Ludwig II., nicht mehr viel anfangen können. (Bogenhausener Brücke wäre wohl die grammatikalisch korrekte Schreibweise.) Von Münchnern wird sie oft auch Tivolibrücke genannt, obwohl dieser Name strenggenommen der in der Nähe befindlichen Brücke über den Eisbach zukommt.

Max-Joseph-Brücke 2017

Die Brücke, in den Jahren 1901/02 im Rahmen des großen Brückenbauprogramms errichtet, hatte eine um 100 Jahre ältere Vorgängerin. Es war die zweite richtige Brücke überhaupt im Münchner Raum, 1804 auf Veranlassung des Ministers Montgelas als Holzbrücke errichtet. Der Minister residierte im heutigen südlichen Herzogpark und kannte das Bedürfnis der Bewohner des Dorfes Bogenhausen nach einer eigenen Brücke.

Durch Kriegseinwirkungen teilweise zerstört, wurde bereits 1811/12 eine neue Holzbrücke mit zwei gemauerten Pfeilern errichtet, die aber schon bald wieder verrottet war und bereits 1826 durch eine Notbrücke ersetzt werden musste.

Bau einer Notbrücke durch das Militär am 17.10.1899 nach dem Einsturz der alten Brücke

Zwei der noch besser erhaltenen
Tier- und Pflanzenreliefs

Als auch diese massive Schäden aufwies, sollte 1876 eine Eisenfachwerkbrücke alle Probleme lösen. Doch dem Jahrhunderthochwasser von 1899 hielt auch sie nicht stand. An ihrer Stelle errichtete man die heutige Brücke.

Über sie schreibt Christoph Hackelsberger: „*... wirkt diese Brücke wie kaum eine andere als architektonisch gesteigertes Ingenieurkunstwerk vor allem durch ihre Proportionen. ... Theodor Fischers Brückenarchitektur zeichnet sich nicht zuletzt dadurch aus, dass die Integration plastischer Kunstwerke geradezu mühelos und selbstverständlich wirkt.*"

Bei diesen plastischen Kunstwerken handelt es sich um allegorische Darstellungen der vier Elemente, die in das Geländer der Brückenköpfe eingefügt und inzwischen leider teilweise stark verwittert sind. Das gilt auch für die Pflanzen- und Tierreliefs, die in das Geländer eingelassen sind.

Auf dem Brückenscheitel ist an der Nord- und Südseite jeweils eine in Kupfer getriebene Kartusche mit dem Münchner Kindl angebracht.

Das Münchner Kindl an der Südseite

Dass beim Bau der Brücke auch an eine öffentliche Toilette gedacht wurde, die im linken Fußgängerdurchgang untergebracht war, sollte uns angesichts der heutigen Situation, wo solche weitgehend durch Chemieklos ersetzt sind, zu denken geben.

Ganz anders in Berlin: Für den dortigen Senat gehören öffentliche Toiletten zur Daseinsvorsorge in einer lebenswerten Stadt. Gut, dass jetzt auch aus dem Münchner Stadtrat von Stimmen zu hören ist, die sich für die Öffnung ehemaliger Toilettenanlagen stark machen. Wenn man das städtische Isarufer wieder attraktiver gestalten und beleben will, wäre das ein bescheidener Beitrag.

Die Luitpold- oder Prinzregentenbrücke

Initiator der nach ihrer Fertigstellung Prinzregentenstraße genannten Prachtstraße war die Bayerische Landesbank, die durch eine breite Straße zwischen dem damaligen Palais Royal – heute Prinz-Carl-Palais – und der Isar ihren erheblichen Grundbesitz auf dem zum Teil noch unbebauten Gelände aufwerten wollte.

Prinzregent Luitpold zeigte sich den Plänen einer zweiten großzügigen West-Ost-Verbindung gegenüber aufgeschlossen, und so kam es trotz großer Probleme mit der Überbrückung von Stadtbächen und Kanälen im Königlichen Holzgarten innerhalb von nur drei Jahren (1888-1891) zur Fertigstellung von Straße und Brücke.

Die Brücke wurde als Eisenbrücke ausgeführt, die die Isar in einem Bogen überspannte. Zwar schenkte der Prinzregent die Brücke der Stadt München, sie war aber nur für Luxuskarossen und Kinderwagen zugelassen. Fuhrwerke mussten die Maximiliansbrücke benutzen.

Um dem Prinzregenten Luitpold, der den Brückenbau finanzierte, sparen zu helfen, hatte die Oberste Baubehörde eine komplizierte und wohl auch riskante Konstruktion gewählt. Das rächte sich bei dem katastrophalen Hochwasser im Jahr 1899.

Da sich der Prinzregent bereit erklärte, die Kosten zu übernehmen, kam es sehr schnell zu einem Neubau nach den neuesten Erkenntnissen des Hochwasserschutzes. Beauftragt wurde die vom Magistrat bereits für fünf Brücken engagierte

Überwölbung des Schwabinger Bachs für den Bau der Prinzregentenstraße 1890

Einsturz der Luitpoldbrücke 1899

Baufirma Sager & Wörner. Für die künstlerische Gestaltung und die Einbindung der Brücke in die bereits vorhandenen Luitpoldterrassen mit dem Friedensengel war Theodor Fischer, Leiter des Münchner Stadterweiterungsbüros, zuständig.

In nur 13 Monaten wurde die neue Brücke fertiggestellt und am 29.September 1901 vom Prinzregenten der Stadt München übergeben.

Die Einheit Bayerns sollte durch die Ausschmückung der Brückenköpfe mit allegorischen Darstellungen der vier bayerischen Stämme Bayern, Schwaben, Pfalz und Franken symbolisiert werden. Die Brücke, die in einem einzigen Bogen die Isar überspannt, hat die Zeit beinahe unbeschädigt überstanden.

Allen, die über die Brücke fahren, entgeht das vielleicht schönste Detail der Brücke, die Unterführung für Fußgänger und Radfahrer mit fantasievollen Graffiti auf der Ostseite.

Die Fuß-/Radweg-Unterführung an der Ostseite der Prinzregentenbrücke

Im Jahr des Brückeneinsturzes von 1899 wurde die gesamte Anlage mit dem Friedensengel fertiggestellt. Dieser güldene Engel, eigentlich eine griechische Friedensgöttin, sollte an die 25 friedlichen Jahre nach dem Deutsch-Französischen Krieg von 1870/71 erinnern. Bis zum nächsten großen Krieg dauerte es dann immerhin über vierzig Jahre.

Auf der Großen Terrasse unterhalb des Friedensengels, der auf einer 38 Meter hohen Säule nachts über der Isar zu schweben scheint, findet jedes Jahr im Juli das Friedensengelfest statt.

Allegorische Darstellung von Bayern und Friedensengel

Die Reichenbach- und Corneliusbrücke

Reichenbachbrücke, Ansichtskarte um 1930

Lager von Obdachlosen, die von ihren Schlafplätzen unter verschiedenen Isarbrücken vor dem Hochwasser hierher geflohen sind. (4.9.2017)

Als um 1820 auch das Isarufer in der Vorstadt Au eingedämmt und das bis dahin alljährlich überflutete Gebiet im Hochwasserbett zu Bauland wurde, führte das zu einer buchstäblichen Bevölkerungsexplosion. 1835 wohnten in der Au bereits über 10.000 Personen, die immer heftiger eine eigene Isarbrücke für sich reklamierten.

Eine erste hölzerne **Reichenbachbrücke** von 1832 musste aber bereits zehn Jahre später durch eine neue ersetzt werden, die Michael Georg Conrad in seinem Roman „Was die Isar rauscht" von 1888 spöttisch ein *„altes Balkengerüst von der architektonischen Schönheit der Pfahlbauzeit"* nannte.

Die von Conrad so verspottete Brücke überstand aber – im Gegensatz zu mancher steinernen Brücke – das Hochwasser von 1899, galt aber nicht mehr als zeitgemäß. Sie wurde jedoch nicht einfach abgerissen, sondern als Notbrücke auf Gleitschienen nach Süden verschoben.

Die nach Plänen von Friedrich von Thiersch 1902/03 erbaute neue steinerne Brücke besaß eine filigrane durchbrochene Brüstung und wurde im Jahr 1925 mit sechs etwas klobigen Steinfiguren geschmückt.

Bei einer Verstärkung und Verbreiterung der Brücke von 12 auf 18 Meter im Jahr 1964 wurden Brüstung und Figuren von der Brücke entfernt, die Brüstung durch ein schlichtes Stahlgeländer ersetzt und vier Figuren an die Brückenköpfe, zwei in die benachbarten Grünanlagen versetzt. Eine Maßnahme, die dem Prinzip „Kunst am Bau" geradezu ins Gesicht schlägt, was auch schon Christoph Hackelsberger in seinem Brückenbuch von 1981 feststellte. Doch mehr Beachtung als die heutige schmucklose Brücke findet ohnehin ein Kiosk an ihrer Westseite, der Tag und Nacht geöffnet hat und vor allem dem alkoholischen Nachschub am Isarstrand und Nachtschwärmern aus dem Gärtnerplatz- und Glockenbachviertel dient.

Einsturz der Corneliusbrücke 1901

Postkarte von 1911 mit Blick auf das König Ludwig II.-Denkmal und St. Maximilian mit ehemaligen Spitztürmen

Fast zeitgleich mit der Reichenbachbrücke wurde 1902 eine zusätzliche Verbindung der neu entstandenen Isarvorstadt mit der ehemaligen Vorstadt Au hergestellt. Die Geschichte dieser **Corneliusbrücke** begann mit einem Paukenschlag.

Als man sie 1901 unter erheblichem Zeitdruck fertigstellen wollte, zog man die Arbeiter von der benachbarten Baustelle der Reichenbachbrücke ab und setzte sie in Tag- und Nachtschichten zum Betonieren des letzten Brückenbogens ein. Dabei brach dieser zusammen, und ein großer Teil der Arbeiter stürzte mit in die Tiefe. Zwei Todesopfer und vierzig Verletzte waren die Folge.

Es stellte sich zwar heraus, dass nicht die moderne Konstruktion, sondern Pfusch am Bau schuld an dem Einsturz war, aber das Misstrauen vieler Münchner gegenüber moderner Architektur besteht noch heute. Doch der Brückenbau ging unbeirrt weiter, und schon 1903 wurde die ebenfalls von Friedrich von Thiersch gestaltete Brücke mit einem nach Süden vorspringenden halbrunden „Balkon" eingeweiht.

Da den Verantwortlichen der Stadt das neue Bauwerk vermutlich zu schmucklos erschien, wurde über dem Isarbalkon schon bald ein Denkmal für König Ludwig II. errichtet und am 19. Juni 1910 feierlich eingeweiht.

Dem König konnte man zwar keine besondere Liebe zu München oder zur Isar nachsagen, aber er besaß neben vielen Gegnern auch eine treue Anhängerschaft. Schön wie ein Märchenprinz steht der jugendliche Monarch vor seinem Thron. Wie umstritten diese Huldigung an den 1886 unter bis heute mysteriösen Umständen gestorbenen König war, zeigt ein Leserbrief in der Zeitschrift „Der Profanbau" unter „Vermischtes. Münchner Brief":

"München, Juli 1910. Die neueste bauliche Tat auf hiesigem Boden ist eine Untat und heißt Denkmal König Ludwig II. Auf der Corneliusbrücke, dem monumentalen, schönen Werke des erfolgreichen Friedrich von Thiersch, erhebt sich dies neueste Denkmal, das die Form einer schlecht kopierten Altarnische hat und eine überlebensgroße Figur aus der privilegierten Künstlerhand des Reichsrates und kgl. Erzgießers Ferdinand v. Miller vor dem Regen und bösen Wettern schützt. Fast einmütig lehnt man hier diese Mache ab..."

Dass auch die Nationalsozialisten keinen besonderen Respekt vor dem König bewiesen, ist nicht verwunderlich. Die Statue wurde kurzerhand nach Hamburg verbracht und dort für Rüstungszwecke eingeschmolzen. Ein König für Kanonen.

Doch 1963 tauchte der Kopf des Königs in Hamburg wieder auf. Ein königstreuer Hanseate hatte ihn, so sagt es die Legende, vor einem schmählichen Schicksal gerettet. Er steht heute in einem Seiteneingang des Nationaltheaters.

Als bei der Verbreiterung der Brücke 1970 die Denkmalnische abgebrochen wurde, kam es zu vereinzelten Protesten, bei denen die Verantwortlichen auch als „Denkmalsmörder" beschimpft wurden. Zur Beschwichtigung stellte man einen Abguss des Kopfes auf einer schlichten Säule auf den Isarbalkon, mit Blick *„isaraufwärts ins Gebirge, wo er sich viel lieber aufhielt als in seiner Haupt- und Residenzstadt."* (Chritoph Hackelsberger).

Auf diesem „Isarbalkon" wurden seit 2004 und zuletzt 2013 in den Sommermonaten von den rührigen „Urbanauten" 50 Tonnen Sand aufgeschüttet und darauf Strandleben mit Barbetrieb inszeniert. (Heute beim Vater-Rhein-Brunnen.)

Doch möglicherweise kommt es zu einer Wiederauferstehung des Königs, die von einer Initiative für den Wiederaufbau des Denkmals, angeführt von einem kunstsinnigen Gastronomen und Hotelier, betrieben wird. Im Mai 2016 kam es zu einem erneuten Anlauf, unterstützt von der CSU und aus Koalitionstreue von der SPD hingenommen.

Die steinernen Teile der Nische, in der er stand, sollen nämlich nummeriert in einem städtischen Lager liegen. Auch die Statue ließe sich wohl halbwegs originalgetreu wieder herstellen. Ob ein neues Königsdenkmal allerdings zeitgemäß ist, darüber lässt sich trefflich streiten. Von der künstlerischen Qualität und den Kosten ganz zu schweigen.

Doch im letzten Jahr haben die Befürworter dieser Idee von anderen Isarfreunden Konkurrenz bekommen, die für ein Flussbad an der Corneliusbrücke einen Kiosk und Toiletten auf diesem „Balkon" platzieren wollen.

Blick vom „Balkon" der Corneliusbrücke auf die Reichenbachbrücke und die Kirche St. Maximilian

Maximilianstraße, Maximiliansbrücke und Maximilianeum

Unmittelbar nach seinem Regierungsantritt 1848 wünschte sich König Max(imilian) II. – in München bekannt als Max zwo –, ältester Sohn von Ludwig I., einen repräsentativen „Nationalbau" auf dem jenseitigen Isarufer.

Er sollte durch eine Prachtstraße mit dem nach seinem Großvater Max(imilian) I. Joseph benannten Max-Joseph-Platz vor der königlichen Residenz verbunden werden.

Mit den Planungen wurde der 3. Preisträger eines Architekturwettbewerbs, Friedrich Bürklein, beauftragt.

Auch wenn die Straße durch weitgehend unbebautes Gelände führen sollte, stand er vor einer schwierigen Aufgabe. Im zerfurchten Gelände des Hochwasserbetts der Isar mussten nicht nur ein Damm aufgeschüttet, sondern auch sieben Stadtbäche überbrückt werden.

1853 begannen unter der Leitung Arnold Zenettis die Bauarbeiten. Die Gestaltung der Gebäude in einer Art Neugotik wurde als Maximilianstil – auch Bürklein-Stil – prägend für die Zeit. Max II. setzte sich damit deutlich von der klassizistischen Vorliebe seines Vaters ab und schuf einen neuen Akzent im Stadtbild von München.

Heute präsentiert sich die Maximilianstraße, sieht man einmal von der Wunde ab, die ihr durch den Bau des Altstadtrings beigebracht wurde, noch weitgehend wie zu Bürkleins Zeiten.

Noch größere Schwierigkeiten als die Straße bereitete der Bau der beiden Brücken über die Große und Kleine Isar. Geplant wurde ein Projekt, das aus Geldmangel mit einer Breite von nur 13 Metern gegenüber einer Straßenbreite von 23 Metern auskommen musste.

Nach einer Bauzeit von sechs Jahren wurde die Brücke schließlich 1863 eröffnet. Entstanden war ein Bauwerk mit zwei Bögen über die Große Isar und außerdem einem Durchlass für die Flöße. Dazu eine fünfbogige Brücke über die Kleine Isar. Gemauert wurde aus Ziegelstein und Nagelfluh. Gesimse und Brüstungen waren aus Sandstein.

Diese Brücke überstand zwar das Hochwasser von 1899, war aber dem zunehmenden Verkehr nicht mehr gewachsen. Deshalb wurde sie im Rahmen des großen Brückenbauprogramms in den Jahren 1903 bis 1905 erneuert, wobei die innere Brücke nur verbreitert und die äußere von Friedrich von Thiersch mit zwei Bögen völlig erneuert wurde.

Durchgehende reliefartige Brüstungen verbinden die beiden Brückenteile und machen die Maximiliansbrücke zu einer der ansehnlichsten Münchner Isarbrücken.

Äußere Maximiliansbrücke, Aufnahme 1870

Maximilianeum, Foto 1895

Die Krönung von Maximilianstraße und -brücke sollte ein schon in einem Stadtplan von 1865 als „Maximilianeum" beschrifteter Prachtbau auf dem Haidhauser Hochufer sein. Vor allem durch statische Probleme verzögerte sich die Fertigstellung bis zum Jahr 1874. Der Bau war bei den Zeitgenossen nicht unumstritten.

„...wie schlägt diese trostlose Ausgeburt der Architektenspekulation aller Poesie des Isar-Ufers ins Gesicht! Überhaupt die ganze Gegend der Maximiliansbrücke: ist das nicht alles wie eine Satyre auf die vielgelobte Kunststadt, die hier das schönste Stück Natur, zu den geistreichsten architektonischen Aufgaben lockend, jammervoll verpfuscht hat? Die imposante Maximilianstraße durch den schauerlichen Kasten des Maximilianeums in eine ›innere‹ und ›äußere‹ auseinandergerissen..."

So urteilt der Kommerzienrat Raßler in Conrads Roman „Was die Isar rauscht" über das wenige Jahre vorher fertiggestellte Maximilianeum. Sowohl Conrad selbst wie auch die Kunstfigur Raßler hatten von ihrem Fenster in der Quaistraße ständig diese *„...grandiose Theaterdekoration, eine Riesenkulisse..."* vor Augen.

Ganz so streng wird man heute nicht mehr urteilen, auch wenn eine gewisse Kulissenhaftigkeit des Gebäudes nicht zu übersehen ist.

Die äußere Brücke mit einer Figur der Pallas Athene, von Süden gesehen

Blick auf den Zusammenfluss von Großer und Kleiner Isar und die Nordspitze der Schwindinsel von der Widenmayerstraße aus

Das Maximilianeum

Bis zum Ende des 1. Weltkriegs waren im Maximilianeum eine Studienstiftung, eine historische Galerie und die königliche Pagenschule untergebracht. Im 2. Weltkrieg wurde das Gebäude zu zwei Dritteln zerstört und nach dem Wiederaufbau 1949 zum Sitz des Bayerischen Landtags.

Außerdem ist in dem Gebäude die Wittelsbacher Jubiläumsstiftung untergebracht, die jährlich sechs bis neun bayerischen Abiturientinnen und Abiturienten mit dem Notendurchschnitt 1,0 freie Kost und Logis sowie Gelegenheit zu einem einjährigen Auslandsaufenthalt mit Teilnahme an Sprachkursen bietet.

Die Wittelsbacherbrücke

Als die Braunauer Eisenbahnbrücke 1871 fertiggestellt war, montierte man den überflüssig gewordenen hölzernen Werksteg, der für die Montage der Eisenteile gebraucht worden war, ab und verpflanzte ihn dorthin, wo später die Wittelsbacherbrücke gebaut werden sollte. Bis zu deren Fertigstellung diente er als provisorischer Isarübergang. Das Fußgänger-Provisorium wurde jedoch – trotz Verbot – schnell zu einem Übergang für Reiter, Fuhrwerke und Vieh, das zum nahe gelegenen Schlachthof getrieben wurde.

Das tägliche Verkehrschaos fand erst 1876 mit der Fertigstellung der Wittelsbacherbrücke ein Ende. Die Eisenkonstruktion mit gusseisernen Portalen wurde am 25. August, dem Geburtstag von König Ludwig II., durch

Brückenportal der Wittelsbacherbrücke um 1903

Die neue Brücke um 1910. Blick auf Au/Giesing

Otto I. auf der Wittelsbacherbrücke

Bürgermeister Alois von Erhardt feierlich eingeweiht und erhielt als Referenz an die bayerischen Landesherren den Namen Wittelsbacherbrücke. Nach ihnen hatte man bereits 1827 den repräsentativen Wittelsbacherplatz in der Innenstadt, nahe dem Odeonsplatz, benannt, und wenige Jahre nach dem Brückenbau (1888) erhielt auch die Straße, die von der Reichenbachbrücke entlang der Isar aus der Stadt führte, ihren Namen. Mit der neuen Brücke gab es endlich eine angemessene Verbindung zwischen den südlichen Stadtteilen und den Vorstädten am anderen Ufer. Wie notwendig diese war, zeigt eine Verkehrszählung vom 13. Januar 1899, wonach die Brücke an diesem Tag von 11.467 Fußgängern und 1.375 Fuhrwerken benutzt worden war.

Nach dem vernichtenden Hochwasser von 1899 wurde auch die unbeschädigte Wittelsbacherbrücke durch eine neue, „zeitgemäßere" ersetzt.

Die alte gusseiserne Brücke wurde übrigens nicht einfach verschrottet, sondern 1904 etwa an die Stelle der heutigen Brudermühlbrücke versetzt. Im Krieg wurde sie schwer beschädigt und 1953 durch die Brudermühlbrücke ersetzt, auf der der Mittlere Ring die Isar quert.

Diese neue Wittelsbacherbrücke wurde mit vier Brückenbögen aus dem neuen Werkstoff Beton errichtet und mit Steinquadern verkleidet. (Siehe auch das Kapitel über die Reichenbach- und Corneliusbrücke.)

Da nach der Generalsanierung der Brücke in den Jahren 1983/84 im Gegensatz zur Reichenbachbrücke mit Ausnahme des östlichen Brückenkopfes am Erscheinungsbild kaum Veränderungen vorgenommen wurden, gilt auch heute noch das Urteil von Christoph Hackelsberger. In seinem Buch „München und seine Isar-Brücken" von 1981 stellt er mit einem Seitenhieb auf damals aktuelle Beispiele in München wehmütig fest: *„Wie glaubwürdig war 1905 noch die Kunst am Bau"*!

Wie schon zur Zeit der Erbauung grüßt auch heute schon von

Blick auf das Heizkraftwerk Süd von der Wittelsbacherbrücke

weitem das Reiterdenkmal von Otto I. (1117-1183), mit dessen Aufstieg zum Herzog die Herrschaft der Wittelsbacher über Bayern begann, die erst 1918 endete.

Waren es Ende des 19. Jahrhunderts vor allem Fuhrwerke, die der gusseisernen Brücke zusetzten, so ist es heute der Berufsverkehr, der täglich zu Staus führt.

Aus der Zeit, als es hier noch keinerlei Übergang gab, stammt ein kurioses „Baudenkmal" mit der Adresse Humboldtstraße 1 am östlichen Ufer. Dieses hölzerne „Standl" geht angeblich auf das Jahr 1848 zurück und steht unter Denkmalschutz. Das Angebot zwischen Champagner und Currywurst spricht ein gemischtes Publikum an, so dass die Tische und Bänke im Sommer oft dicht umlagert sind.

Diese Giesinger Institution konkurriert mit der moderneren Kiosk-Version auf der Auer Seite der Humboldtstraße. Dieser steinerne Kioskbetrieb mit einem gemütlichen kleinen Biergarten an Stelle eines hölzernen Vorkriegs-„Standls" wird seit 17 Jahren mit der Bezeichnung „Isarwahn" erfolgreich betrieben. Beide Lokalitäten besitzen mittlerweile Kultstatus.

Zur Zeit des Sonnenuntergangs bietet die Brücke faszinierende Blicke nach Süden, wo in der Ferne die Kamine des Heizkraftwerks Süd aufragen. 1961 als Müllverbrennungsanlage gebaut, wurde es mit der Einführung der Mülltrennung allmählich überflüssig. Heute entsteht hier in einer modernen Gas- und Dampfturbinenanlage Strom, und die Restwärme wird für Fernwärme genutzt. Die Wolken über den Kaminen bestehen übrigens fast zu hundert Prozent aus Wasserdampf.

Lange war die Wittelsbacherbrücke vor allem als ständiger „Wohnsitz" von Obdachlosen bekannt, die ihr Lager unter der Brücke aufgeschlagen hatten. 2005 widmete sich ihnen sogar ein erfolgreicher Dokumentarfilm mit dem Titel „Die Wittelsbacher". Heute stößt man unter vielen Isarbrücken und Unterführungen auf solche Schlafstätten – in der „Weltstadt mit Herz".

Abbildung nächste Seite:
Thomasteg am Großen Stadtbach

Die Isar und die Eisenbahn

Kurze Geschichte der Isartalbahn

Nachdem der Baron und Bankkaufmann Weiler in Conrads Roman „Was die Isar rauscht" von 1888 seine Zukunftsvision der Stadt entwickelt hat, schließt er mit den Worten: *„...sodann bauen wir eine Isarthalbahn von hier bis an den Fuß der Alpen, damit das Hochgebirge uns sozusagen vor der Thür liegt..."*

Bereits fünf Jahre später wird die Bahnlinie feierlich eröffnet.

Neu-Münchnern sei von vorneherein gesagt: Die Isartalbahn gibt es seit 1964 nicht mehr. Was von ihr noch zu sehen ist, sind ehemalige, mittlerweile neu genutzte Bahnhofsgebäude, verrostete Gleise und ein längerer Abschnitt des Eisenbahndammes, der als Radweg dient.

Um die Mitte der sechziger Jahre des 19. Jahrhunderts war der Bau der Eisenbahn-Hauptstrecken in Bayern weitgehend abgeschlossen. Da aber die Gemeinden des oberen Isartales noch ohne Bahnanschluss waren, versuchten sie den Bau eines Gleises von München nach Bad Tölz zu erreichen.

Schon bei der ersten Erwähnung dieses Projektes ist von *„der hohen industriellen und finanziellen Bedeutung ... für unsere Hauptstadt"* die Rede. Damit waren in erster Linie die Kohlelagerstätten zwischen Tölz und Wolfratshausen gemeint.

Offensichtlich versprach man sich von diesem Projekt allerorten erheblichen wirtschaftlichen Gewinn. Jedenfalls bewarben sich verschiedene Unternehmer mit voneinander abweichenden Vorstellungen bezüglich technischer Details und Fragen der Streckenführung um das Projekt.

1883 wurde die endgültige Projektierung schließlich der Münchner Lokalbahn-Aktiengesellschaft (LAG) übertragen, hinter deren Namen renommierte Firmen wie die Lokomotivfabrik Krauss & Comp. standen. 1891 erfolgte die feierliche Inbetriebnahme.

Mit der industriellen Bedeutung war es allerdings nicht weit her, denn die Isartalbahn war von Anfang an in ihrem Charakter eine reine Ausflugs- und Touristenbahn mit erheblichen Schwankungen der Fahrgastzahl. Wurde die Bahn 1893 im Jahresdurchschnitt täglich von 1.767 Fahrgästen benutzt, so waren es am Pfingstsonntag 1893 beispielsweise 22.508.

Die Bahn war auch sehr kundenfreundlich, denn vom Bahnhof an der Schäftlarnstraße waren es nur 2,4 Kilometer bis zum nächsten Bahnhof in Thalkirchen und von dort nur 600 Meter bis zu dem von Maria Einsiedel. Nach weiteren 1,6 Kilometern erreichte man den Bahnhof Prinz-Ludwigs-Höhe, nach weiteren 1,3 Kilometern den Bahnhof Großhesselohe und schließlich nach 1,5 Kilometern den von Pullach.

Im stadtnahen Bereich zwischen München und Höllriegelskreuth/ Grünwald baute man bis 1897 ein zweites Gleis, und bereits 1899 wurde die Genehmigung für eine Elektrifizierung der Strecke erteilt. In der Nähe des Bahnhofs Thalkirchen errichtete man hierfür sogar ein eigenes Kraftwerk.

Aber mit dem 1. Weltkrieg und der anschließenden Wirtschaftskrise geriet auch die Isartalbahn in wirtschaftliche Turbulenzen. Nach einer gründlichen Sanierung 1934 wurde sie auf Grund eines Reichsgesetzes 1938 schließlich verstaatlicht und war nun Bestandteil der Deutschen Reichsbahn.

Im 2. Weltkrieg nutzte man die Isartalbahn weitgehend für Munitionstransporte – dort, wo heute die Ortschaften Geretsried und Gartenberg liegen, befand sich seit 1937 eine große Sprengstoff- und Munitionsfabrik, die vor allem ausländische Zwangsarbeiter beschäftigte. Hauptsächlich wegen dieses Rüstungsbetriebs wurden die Anlagen der Isartalbahn 1944 bei Luftangriffen zu 70% zerstört.

Nach dem Krieg ging es nur langsam wieder aufwärts. Seit Oktober 1950 konnten dann Züge auf der bereits 1936-1938 fertiggestellten Gleisverbindung zwischen Großhesselohe und

Der alte Isartalbahnhof an der Schäftlarnstraße, heute Johanniter-Unfallhilfe

Solln direkt bis in den Münchner Hauptbahnhof fahren. Doch ab 1955 war das Ende der Isartalbahn absehbar: Der Zustand des Gleiskörpers war dringend reparaturbedürftig, und die Deutsche Bundesbahn beklagte ein jährliches Defizit.

Die touristische Bedeutung der Isartalbahn belegt auch dieser Umschlag eines Stadtplans von 1908.

Die MS Utting auf einer Eisenbahnbrücke über die Lagerhausstraße

Im Jahr 1959 distanzierte sich auch die Stadt München von der Isartalbahn, und am 31. Mai 1964 kam es schließlich zur Stilllegung. Die Wogen, welche diese Stilllegung hervorgerufen hatte, haben sich mittlerweile längst geglättet.

Die alte Isartalbahn ist aber nicht ganz aus dem Stadtbild von München verschwunden. Da ist vor allem der Ausgangsbahnhof an der Schäftlarnstraße in München, der weitgehend erhalten ist. Er beherbergt heute die Zentrale der Johanniter-Unfallhilfe.

Von dort gab es auch einen Anschluss an die Staatsbahn mittels zweier Brücken. Auf einer dieser stillgelegten Brücken über die Lagerhausstraße wurde im März 2017 die „MS Utting" nach einem aufregenden Transport vom Ammersee als „Kulturschiff" platziert.

Direkt am Maria-Einsiedel-Bach, hinter der Wohnanlage „Isargärten" am Thalkirchner Platz, wurden einige alte Backsteingebäude des ehemaligen Betriebswerks der Isartalbahn in den letzten Jahren wiederhergestellt – etwas enttäuschend: ausschließlich mit gewerblicher Nutzung.

Die Isartalbahn wird heute weitgehend durch die S7 ersetzt, die allerdings von Großhesselohe nicht mehr durch das Isartal nach Thalkirchen fährt, sondern von dort direkt zum Münchner Hauptbahnhof.

Die Großhesseloher Eisenbahnbrücke

Nähert man sich auf dem Isarradweg von Süden der Stadtgrenze von München, dann gibt die Brücke wie ein Bühnenportal den Blick frei auf die Stadt in der Ferne. In umgekehrter Richtung markiert sie den Übergang ins bewaldete, tief eingeschnittene Tal bis Grünwald. Auf dieser Brücke überqueren nicht nur alle Züge von München nach Holzkirchen den Werkkanal und die Isar, sie bietet auch Spaziergängern und Radfahrern den einzigen, dafür aber auch einen einzigartigen Flussübergang zwischen der Marienklause und Grünwald.

In einer Höhe von 42 Metern verbindet sie den Münchner Stadtteil Menterschwaige mit Goßhesselohe und ist zugleich eine prächtige Aussichtsplattform nach Norden auf die Silhouette der Stadt und an klaren Tagen nach Süden bis zu den Alpen.

Die Vorgängerin der heutigen Brücke war zu ihrer Entstehungszeit zwischen 1851 und 1852 mit 32 Metern die höchste Eisenbahnbrücke der Welt.

Blick durch die Großhesseloher Brücke in Richtung Stadt

Blick nach Süden auf das Großhesseloher Wehr

Auch ihre Bauweise aus industriell hergestellten Eisenteilen war für die damalige Zeit revolutionär. Sie musste allerdings durch das immer höhere Gewicht der Lokomotiven ständig verstärkt und teilweise erneuert werden, so dass im Laufe der Zeit ihre ursprünglich grazile Konstruktion kaum noch zu erkennen war.

Schon bald erlangte die Brücke traurige Berühmtheit als Selbstmörderbrücke. Zwischen 1857 und 1983 stürzten sich von ihr 280 Menschen in den Tod, woran sie auch aufwendige Stacheldrahtabsicherungen nicht hindern konnten.

Als Anfang der achtziger Jahre des vorigen Jahrhunderts ein Neubau der Brücke geplant wurde, erregte das heftige Proteste. Bürgerbeteiligung steckte jedoch damals noch in den Kinderschuhen, und so wurde in relativ kurzer Zeit, zwischen 1983 und 1985, die Brücke errichtet. Aber auch sie hatte wieder Rekorde zu bieten: Nicht nur dass sie erheblich höher war als die alte, man hatte sich für ein schon öfter, allerdings nicht in dieser Höhe, erprobtes Verfahren entschieden, um den Zugverkehr möglichst kurz zu blockieren: Neben der alten wurde die neue Brücke errichtet und dann an die Stelle der Vorgängerin verschoben, die erst kurz vorher abgebrochen worden war.

Um die Münchner wieder mit der neuen Brücke zu versöhnen, legte man einen komfortablen Fahrrad- und Fußweg in der unteren Etage der Brücke an, allerdings völlig vergittert. Seitdem sind keine Toten mehr zu beklagen, und der schönen Aussicht tut das Gitter auch kaum Abbruch.

Die Brücke liefert auch einen überzeugenden Beweis dafür, wie gut sich ein Fußgängerüberweg und eine Eisenbahnbrücke vertragen. Bei der Braunauer Eisenbahnbrücke dagegen wurden Bestrebungen, sie auch als Fußgängerüberweg zu nutzen, immer wieder abgeblockt. (Siehe das nächste Kapitel.)

Mit öffentlichen Verkehrsmitteln erreicht man die Brücke von der gleichnamigen Haltestelle der Trambahnlinien 15 und 25 nach wenigen Metern.

Der Fußgänger-„Käfig" unter den Gleisen

Die Braunauer Eisenbahnbrücke

Am südlichen Ende der Wittelsbacherstraße quert die in die Jahre gekommene Braunauer Eisenbahnbrücke die Isar.

Sollte jemand auf die Idee kommen, der Name wäre eine Huldigung an den Mann, der dort geboren ist und die Stadt „berühmt" gemacht hat – er kann beruhigt sein: Die Brücke trägt ihren Namen schon seit ihrem Fertigstellungsjahr 1871.

Bereits 1863 bewilligte der Bayerische Landtag 15,4 Millionen Gulden für den Bau der Braunauer Linie, die allerdings ursprünglich von der schon seit 1858 befahrenen Strecke nach Holzkirchen unmittelbar nach der Großhesseloher Brücke abzweigen und über Mühldorf zur österreichische Grenzstadt Braunau führen sollte. (Standortsuche und Planungen für den späteren Ostbahnhof waren damals noch nicht abgeschlossen.)

Nach langem Hin und Her kam es schließlich zum Bau einer so genannten Gitterträgerbrücke an der heutigen Stelle, die 1871 fertiggestellt war.

Sie ist Teil der Bahnspange, die als Südring den Hauptbahnhof über den ehemaligen Südbahnhof zum ebenfalls 1871 fertiggestellten Ostbahnhof – auf einem Situationsplan von 1871 noch als Bahnhof Haidhausen bezeichnet – verbindet und von dort über Rosenheim nach Salzburg bzw. über Mühldorf nach Simbach/Braunau führt.

Dieser Südring galt lange als Alternative zum geplanten zweiten Tunnel der S-Bahn-Stammstrecke. Nachdem dieser nun beschlossen ist, wird er immer noch als zusätzliche Entlastungsstrecke diskutiert.

Bei einem Luftangriff und einer Teilsprengung kurz vor Kriegsende erlitt die Brücke starke Beschädigungen.

Als man sie 1958 zweigleisig an gleicher Stelle als so genannte Balkenbrücke neu errichtete, blieb an der Nordseite ein Gleis der alten Brücke als Rangiergleis für Viehtransporte zum Schlachthof erhalten. Es ist heute nicht mehr in Betrieb und wird deshalb immer wieder als möglicher Fußgängerüberweg ins Gespräch gebracht. Auch wenn derzeit der

Braunauer Eisenbahnbrücke um 1870, Ansicht vom Turm der Giesinger Kirche

Aufwand noch als zu groß betrachtet wird: Bei einer augenscheinlich in absehbarer Zukunft unvermeidlichen Generalsanierung sollte man diese Idee noch einmal neu überdenken.

„Guter Geist vom Isartal" titelte die Süddeutsche Zeitung und meinte damit Christa Fingerle, seit über 30 Jahren Betreiberin einer „Trink- und Imbisshalle" an der Ostseite der Brücke. Bei schönem Wetter ist ihr Betrieb meist dicht umlagert. Nicht nur Laufkundschaft, auch ihre vielen Stammgäste an den Stehtischen wissen ihr solides Angebot zu schätzen. Zu Recht nennt sie die SZ eine Münchner Institution.

Der Kiosk an der Braunauer Eisenbahnbrücke

Die Stahlkonstruktion der Braunauer Brücke von der Unterseite

Links der Isar von Pullach bis Garching

Pullach – von geheimen und schrägen Vögeln

Die Gemeinde Pullach – 50 Meter über der Isar – erstreckt sich von Höllriegelskreuth (gegenüber von Grünwald) im Süden bis Großhesselohe etwa fünf Kilometer. Das Hochufer ist bis auf den alten Ortskern von Pullach von Buchenwäldern und Parks geprägt und eignet sich daher gut für Spaziergänge.

Aber auch das Tal hat eine kleine Attraktion zu bieten: das Gasthaus „Brückenwirt" mit einem Biergarten unter der Grünwalder Brücke.

Dort, wo heute Radfahrer und Floßbesatzungen ihren Durst löschen, weist nicht einmal eine Gedenktafel auf einen Künstler hin, den die Münchner Bürger einst aus ihrer Stadt vertrieben haben.

Gemeint ist der Maler, Kulturreformer, Weltverbesserer, Verächter aller Religionen, Sonnenanbeter und Veganer Karl Wilhelm Diefenbach. Aus München, wo er als Kohlrabi-Apostel verspottet wurde, zog er sich um das Jahr 1886 hierhin zurück, wo er in einem aufgelassenen Nagelfluh-Steinbruch[15] mit einigen „Jüngern" seine Ideale ausleben konnte.

Auch Michael Georg Conrad scheint er fasziniert zu haben, denn in einigen seiner Werke setzt er sich mit ihm, den er Effenbach nennt, auseinander.

„Welch´ ein unzeitgemäßer Mensch! Stellen Sie sich vor: er lebt im Lande des berühmtesten Bieres – und trinkt nur frisches Wasser; er lebt in der Stadt der saftigsten Braten und Kalbshaxen – und begnügt sich mit der schmalen Pflanzenkost des strengsten Vegetarianers; er lebt in der Kunstmetropole, wo die vertracktesten Modebilder in den Straßen herumlaufen […]– und er kleidet sich in ein schlichtes wollenes Kuttengewand wie ein Mönch…" Und an anderer Stelle: *„Der Name eines Mannes, der in der ganzen Welt in den grellsten Widersprüchen genannt wird, verbreitet seit einiger Zeit auch den Namen ›Höllriegelsgereute‹ in weiter Ferne. Wer kennt ihn nicht, den ›Sonderling‹, den ›wunderlichen Kauz‹, den ›Narren‹, den ›Kohlrabi-Apostel‹, den ›verrückt gewordenen Maler‹…?"*

Ungestört war er in seinem Exil allerdings nicht, denn viele Münchner nützten die seit 1891 verkehrende Isartalbahn, um diesem „seltsamen Heiligen" einen Besuch abzustatten. Man konnte ja nie wissen, welche Ungeheuerlichkeiten man dort zu sehen bekam. Vielleicht sogar eine nackte Frau…

Karl Wilhelm Diefenbach

Schließlich floh er aus dem Dunstkreis von München und gelangte über Ägypten und Wien nach Capri, wo er 1913 als angesehener Künstler verstarb.

Sozusagen als verspätete Wiedergutmachung widmete ihm das Museum Villa Stuck 2009 eine Sonderausstellung.

15 Der Steinbruch war von dem Steinmetz Franz Höllriegel auf einer vorher gerodeten Fläche angelegt worden, woraus sich die Bezeichnung Höllriegelskreuth ableitet. Der Wortbestandteil „kreuth" kommt von reuten = roden.

Was den Ortskern von Pullach betrifft, den man wenige hundert Meter nach der Grünwalder Brücke auf dem Hochufer erreicht, so ist er von mehr oder weniger stilvollen Villen aus den zwanziger Jahren geprägt, die das Hochufer säumen. Dazwischen schieben sich die spätgotische Pfarrkirche und ein modernes Kulturhaus mit Theatersaal, Veranstaltungsräumen und einem Café. Nicht nur von dessen Terrasse, sondern auch von der der Traditions-Gaststätte „Rabenwirt" genießt man einen faszinierenden Blick ins Isartal.

In ganz Deutschland bekannt ist Pullach aber durch den Bundesnachrichtendienst. Eine hohe, mit Stacheldraht bekrönte Mauer, auf die man gleich nach dem Ortskern stößt, schützt das Gelände vor Einblicken.

Dessen Geschichte geht auf das Jahr 1936 zurück, als dort auf 50 Tagwerk Weidegrund die „Reichssiedlung Rudolf Heß" für die Elite der NSDAP erbaut wurde. 1941 richtete Rudolf Bormann[16] hier seinen Amtssitz ein und ließ 1943 ein Führerhauptquartier mit einer Bunkeranlage errichten, die aber nie genutzt wurde. Das Gelände war an die Isartalbahn angeschlossen.

Nach dem Krieg übernahmen die US-Streitkräfte das „Nazinest", übergaben es aber 1947 dem General Reinhard Gehlen, vorher Leiter der Spionageabteilung

16 Um die Frage, ob es bei dem „Erwerb" dieses Grundstücks mit rechten Dingen zuging, ist 2017 ein Rechtsstreit entstanden.

Schwaneck 1898

Schwaneck 2016

„Fremde Heere Ost", und seiner neuen „Organisation Gehlen". Der baute dort den Bundesnachrichtendienst (BND) auf. Ein Umzug der Behörde nach Berlin ist seit langem geplant und hat 2014 begonnen. Auf der Website des BND wird lediglich mitgeteilt, dass von den 6.500 Mitarbeitern einmal 4.000 in Berlin tätig sein sollen. Was mit dem frei werdenden Gelände in Pullach einmal geschehen soll, ist vorerst geheim. Kein Geheimnis ist es allerdings, dass der Kampf der Investoren längst begonnen hat. Das Pikante an der Angelegenheit jedoch ist, dass die Bauten der „Reichssiedlung Rudolf Heß" seit 2011 unter Dankmalschutz stehen.

Dort wo man den Ortskern von Pullach verlässt, stößt man nicht nur auf stacheldrahtbewehrte Mauern des BND-, sondern auf der anderen Seite auf ein weitläufiges Gelände mit einer burgartigen Bebauung, der man deutlich ansieht, dass sie nicht in einem Guss entstanden ist.

Sie war nie eine richtige Burg, sondern wurde erst 1843 von dem Bildhauer Ludwig Schwanthaler aus nostalgischer Mittelalter-Schwärmerei erbaut. In dem von ihm als „Burgfried" bezeichneten Turm mit altdeutscher Einrichtung fanden rauschende Feste mit Gleichgesinnten aus der Münchner Künstlerszene statt.

Nach seinem Tod 1848 gelangte die „Burg Schwaneck" zunächst an einen Cousin, bevor sie 1863 der Bankiers- und Fabrikbesitzerssohn Karl von Mayer erwarb, eine Autorität auf dem Gebiet der Heraldik, der sich „Ritter" und „Edler Mayer von Mayerfels" nannte, aber nicht nur Titel, sondern auch Burgen sammelte, die er mit mittelalterlichem Krimskrams vollstopfte.

Reklame in einem Reiseführer von 1908

Als er Pullach in Richtung Meersburg verließ, benötigte er einen Sonderzug mit 30 vollgeladenen Waggons. Für den einst von vielen höher als Ludwig Thoma eingeschätzten, heute aber weitgehend vergessenen Josef Ruederer war er *„einer von jenen, die um 500 Jahre zu spät auf die Welt kommen."*

In München kannte man ihn, bekleidet mit einer studentischen Kneipjacke, die er mit baumelnden Quasten verziert hatte. Das trug ihm den Spitznamen Quastlmayer oder einfach Quastl ein. Bald nach seinem Tod 1883 gelangte Schwaneck in den Besitz des Bauunternehmers Jakob Heilmann, der es erneut an- und umbaute. Die Tradition der Künstlerfeste wurde aber weitergeführt. So heißt es in einem Reiseführer von 1908: *„Über das malerische Schloß Schwaneck, das alljährlich zur Habenschadenfeier*[17] *die Münchner Künstler zu froher Festlichkeit versammelt sieht, führt der Weg nach dem hübschen Dorfe Pullach, das durch die bereits erfolgten Ansiedlungen und neuerschlossenen Bauplätze mit fertigen Straßen und Wasserleitung sich in einen reizenden und durch die Isartalbahn bequem zu erreichenden Villenort umwandelt."*

1955 erwarb der Landkreis München die Gebäude. Sie werden vom Kreisjugendring als Jugendbildungsstätte und Jugendherberge genutzt.

Von hier führt ein schattiger Wanderweg mit Blicken auf das Isartal durch den Wald bis zur Waldwirtschaft. (Siehe das nächste Kapitel.)

17 Siehe auch das Café Habenschaden „zu Füßen des trauten Pullacher Kirchleins", wie es in einem Reiseführer von 1933 heißt.

Die Großhesseloher Waldwirtschaft

Großhesselohe hat mehr zu bieten als eine spektakuläre Eisenbahnbrücke, der ein eigenes Kapitel gewidmet ist. Ein paar hundert Meter von der Brücke entfernt, hoch über dem Isarufer, liegt Münchens vielleicht reizvollster Biergarten an der Georg-Kalb-Straße 3. Am sinnvollsten erreicht man ihn mit dem Fahrrad.

Der Eingang zum Biergarten

Mit dem Radl zur Waldwirtschaft.

Am südlichen Ende des ehemaligen Betriebswerks der Isartalbahn, in Maria Einsiedel, steht das schmucke Asam Schlössl. (Siehe die Kapitel „Thalkirchen und Maria Einsiedel".)

Dort beginnt der Isartalbahnweg auf dem ehemaligen Bahndamm der Isartalbahn. Auf ihm gelangt man in einer angenehm sanften Steigung, vorbei an noblen Villen des 19. Jahrhunderts, auf das Isar-Hochufer.

Gegen Ende des 19. Jahrhunderts erwarben hier durch Jakob Heilmann gegründete „Terraingesellchaften" systematisch unbebautes Land in den damals noch selbstständigen Gemeinden Thalkirchen und Solln. In herrlicher Lage über dem Isartal wurden teils Bauplätze, teils Landhäuser in der entstehenden „Waldvillenkolonie" vertrieben. Das neue Stadtviertel, das heute zu München gehört, erhielt nach dem Sohn des Prinzregenten Luitpold, dem späteren Ludwig III., den Namen Prinz-Ludwigs-Höhe. Es galt von vornherein mit seinen prächtigen Villen, die auch heute noch, teilweise kaum verändert, stehen, als eine der vornehmsten Wohnlagen Münchens. *„Heutzutage machen eher amtierende und ehemalige Industriekapitäne ... als Zuzügler unfreiwillig von sich reden"*, so ein engagierter Verteidiger des Charakters des Viertels in der SZ vom 31.10.2014.

Die 1898 für den Münchner Oberbürgermeister Wilhelm von Borscht erbaute Villa Heilmannstraße 33

Der Radweg endet etwas abrupt auf halber Höhe, die Weiterführung auf dem Bahndamm und über die noch existierende Brücke über die Gleise der S-Bahn scheitert am Widerstand eines privaten Grundbesitzers.

Folgt man der Beschilderung nach Pullach auf der wenig befahrenen Autostraße, so gelangt man bald an den Höllerer Berg, der steil ins Isartal hinunter führt. Man bleibt jedoch auf der Anhöhe, unterquert die Auffahrt zur Großhesseloher Eisenbahnbrücke und gelangt nach 500 Metern, vorbei an der Tennisanlage des TC Großhesselohe, über einen Wiesenweg zur Waldwirtschaft.

Variante 1: Neben der geschilderten beginnt eine weitere attraktive, zudem weitgehend schattige Radwegverbindung auf dem Giesinger Berg. Hinter der Giesinger Brauerei folgt man der wenig befahrenen Bergstraße, überquert den Mittleren Ring und passiert das Grünwalder Stadion. Schon bald befindet man sich auf der autofreien Harlachinger Straße über dem Auer Mühlbach und quert bei der Harlachinger Einkehr die Straße, die zum Tierpark hinunter führt. Nach wenigen Metern setzt sich die Harlachinger Straße als getrennter Fuß- und Radweg mit der Bezeichnung „Hochleite" fort. Teilweise unmittelbar über dem Hochufer, mit romantischen Ausblicken auf das Isartal, fährt man am Biergarten der Menterschwaige vorbei – oder auch nicht – und gelangt schließlich zur Großhesseloher Brücke. Nach der Überquerung der Isar hält man sich links und gelangt auf beschildertem Weg wie schon bei Tour 1 zur Waldwirtschaft.

Variante 2: Eine weitere Möglichkeit führt kurz nach der Großhesseloher Brücke vom westlichen Isarradweg als steiler, aber kurzer Schotterweg hinauf zum Ensemble der Waldwirtschaft.

Bevor man den Biergarten erreicht, sieht man linkerhand – eng mit dem Wirtschaftsgebäude verbunden – das von außen unscheinbare Barockkirchlein zur Hl. Dreifaltigkeit vom Ende des 18. Jahrhunderts, das auf eine Kapelle aus dem 14. Jahrhundert zurückgeht. Im Inneren hat es durchaus qualitätsvolle Stuckaturen und Fresken nicht unbedeutender bayerischer Künstler zu bieten, ist aber leider durchgehend verschlossen.

Eine Genehmigung zum Bierausschank gab es wohl seit dem 15. Jahrhundert, und ein Tanzpavillon war bereits um 1800 ein beliebter Anziehungspunkt für die Jugend.

Doch richtig los ging´s erst mit der Errichtung des heutigen Baus in den zwanziger Jahren des 19. Jahrhunderts. Mit der Teilstrecke München-Großhesselohe der Bahnstrecke München-Holzkirchen 1854 und der Eröffnung der Isartalbahn 1891 war dann die Lokalität auch für die Großstädter bequem zu erreichen und zog an manchen Tagen bis zu 10.000 Besucher an.

1930 kaufte die Spatenbrauerei die Wirtschaft, von der sie seit

Postkarte um 1900

Musikpavillon im Garten der Waldwirtschaft

1981 der Wirt Sepp Krätz gepachtet hat. Unter seiner Führung erlebte die Lokalität eine zweite Blütezeit. In seinem Gästebuch findet man nicht nur Größen der Münchner Schickeria und bayerische Prominenz wie den ehemaligen Ministerpräsidenten Edmund Stoiber. Auch unsere Kanzlerin Angela Merkel und internationale Filmgrößen wie Arnold Schwarzenegger und Robert de Niro haben sich hier mit Sepp Krätz ablichten lassen.

2014 gab es eine jähe Unterbrechung seiner Karriere. Im März wurde Krätz wegen Steuerhinterziehung verurteilt, worauf ihm die Stadtverwaltung die Konzession für seine Münchner Lokalitäten entzog.

Bezüglich der Waldwirtschaft in Großhesselohe ist das Landratsamt München zuständig. Nach dem Urteil durfte er zwar einer von drei Geschäftsführern bleiben, jedoch keine buchhalterischen Tätigkeiten vornehmen. Mittlerweile gilt er als rehabilitiert.

Es wäre jedoch falsch, aus der Besucherprominenz samt dem ebenso prominenten Wirt den Schluss zu ziehen, dass die WaWi, wie sie von ihren Fans genannt wird, ein reiner Prominenten- und Schickeria-Treffpunkt ist. Man kann sich auch an einer Reihe von Imbissständen selbst versorgen oder, wie es sich für einen echten Münchner Biergarten gehört, seine eigene Brotzeit mitbringen. Vor allem an Wochenenden pflegen viele Familien diese alte Tradition.

Ein großer Kinderspielplatz und eine Minigolfanlage machen auch den Familienbesuch zu einem entspannten Erlebnis.

Die Beliebtheit des Biergartens mit 2.500 Plätzen unter schattigen Laubbäumen – es gibt übrigens auch ein nobles Restaurant mit 50 Plätzen – hat nicht nur mit der phantastischen Lage hoch über dem Isartal zu tun, sondern vor allem auch mit der schon lange gepflegten Tradition der nicht nur an Wochenenden stattfindenden Live-Jazz-Konzerte.

Weit über die Grenzen Münchens hinaus bekannt ist die Waldwirtschaft durch die so genannte „Biergartenrevolution" geworden.

Die so genannte „Biergartenrevolution"

Man kann dem Münchner gewiss keine besondere Affinität zu Revolutionen nachsagen. Nur wenn sich´s gar nicht vermeiden lässt oder wie es Oskar Maria Graf unnachahmlich formuliert hat: *„Nacha mach ma halt a Revolution, damit a Ruh is!"*

Nur bei seinem Nationalgetränk, da kennt der Münchner keine Gnade. Als König Ludwig I. 1844 neben dem Brot- auch den Bierpreis um einen Pfennig erhöhen ließ, akzeptierte die Bevölkerung zwar die Erhöhung des Brotpreises, aber wegen der Bierpreiserhöhung kam es in der Münchner Innenstadt zu Krawallen. Der König musste die Erhöhung zurücknehmen.

Der Vorgang wiederholte sich 1888. Die letzte „Revolution" im Zusammenhang mit Bier liegt jedoch gerade mal 20 Jahre zurück und nahm an der Waldwirtschaft ihren Ausgang. 1995 war es, als neu zugezogene Bewohner der Umgebung sich durch den nächtlichen Lärm des Biergartens, vor allem des ständig zunehmenden Autoverkehrs, in ihrer Ruhe gestört fühlten, vor Gericht zogen und eine frühere Sperrstunde forderten. Der Bayerische Verwaltungsgerichtshof gab ihnen Recht und setzte die Biergarten-Sperrstunde auf 21.30 Uhr fest.

Dies war natürlich ein Präzedenzfall für alle Münchner Biergärten. Von den Großbrauereien kräftig gefördert, kam es zu einer Demonstration von 25.000 Münchnern, von den Boulevard-Medien zur „Biergartenrevolution" hochstilisiert. Daraufhin erließ die Bayerische Staatsregierung in kürzester Zeit eine „Bayerische Biergartenverordnung", durch die in Bayern traditionelle Biergärten beim Lärmschutz privilegiert wurden. Für solche Biergärten, die durch den Charakter des Sitzens unter Bäumen und die Erlaubnis, seine Speisen selbst mitzubringen und nur die Getränke beim Wirt zu erwerben, gekennzeichnet sind, wurde die Sperrstunde auf 23 Uhr festgelegt.

Auch diese Verordnung wurde vom Bundesverwaltungsgericht 1999 aufgehoben, worauf die Staatsregierung noch im selben Jahr eine neue Biergartenverordnung herausbrachte, wieder mit der Sperrzeit 23 Uhr, aber mit Vorschriften zur Begrenzung der Geräuschemissionen. Mittlerweile hat sich das Problem verlagert: Heute sind es weniger die Biergärten, gegen die sich die Proteste lärmgeplagter Anwohner richten, es sind vielmehr öffentliche Plätze wie das renaturierte Isarufer, die Müllerstraße oder der Gärtnerplatz, die in den Abend- und Nachtstunden von Jugendlichen zur Feiermeile umfunktioniert werden.

Nur wenige hundert Meter entfernt, versteckt hinter einem Waldstück an der Georg-Kalb-Straße, kann man eine überraschende Entdeckung machen: einen „Wasserthurm der Hofbrunnwerke. Erbaut 1898", neben der Betonmauer des Bundesnachrichtendienstes.

Wasserturm in Großhesselohe

Hinterbrühl am See

„Priel" oder „Brühl" bezeichnet eine mit Buschwerk bewachsene Wiese und charakterisiert das Gelände von Hinterbrühl vor seiner Bebauung.

Auf Plänen des 19. Jahrhunderts ist weder ein Gebäude noch eine Ortsbezeichnung zu finden. Den Ortsnamen gibt es schließlich erst durch eine Verfügung des Ministeriums des Inneren vom 1. Januar 1907.

Vermutlich geht der heutige Gasthof Hinterbrühl auf den um 1900 begonnenen Bau der neuen Floßlände und eine Kantine für die dort beschäftigten Arbeiter zurück.

Der Hinweis bei Wikipedia, der Ort sei aus einer Kalkbrennerei des 18. Jahrhunderts hervorgegangen ist daher sehr unwahrscheinlich und beruht vermutlich auf einer falsch interpretierten Zeichnung von Emil Kirchner (1838), die Kalköfen zwischen Maria Ensiedel und Hinterbrühl auf dem Gebiet des heutigen Campingplatzes zeigt.[18]

In ihrer jetzigen Gestalt beruht die Gaststätte jedenfalls auf einer Erweiterung von 1909.

Zurück zur Entstehung der Floßlände, die in engem Zusammenhang mit dem Bau des Werkkanals zum Kraftwerk Süd I – fertiggestellt 1907/08 – steht. Wegen dieses Kanals wurde ein Seitenarm der Isar, der Maria-Einsiedel-Bach, von der Isar abgeschnitten. Er erhielt jetzt einen neuen Zufluss aus dem Werkkanal und wurde zum Floßkanal erweitert.[19]

18 Volker Divigneau: Münchner Stadtbilderbuch, MÜnchen 1994. Seite 201.

Flößerdenkmal

Nach der aufgestauten Floßlände wird er wieder zum Maria-Einsiedel-Bach, der durch das gleichnamige Bad und anschließend in den Werkkanal fließt.

Der Floßkanal wird heute nicht nur von den „Gaudiflößen" befahren, sondern dient auch als Rennstrecke für Kanu-Wettbewerbe.

19 In ihn mündet unterhalb einer Fußgängerbrücke ein kleines, von Hangquellen gespeistes Bächlein, der Wenzbach.

An der Abzweigung des Floßkanals vom Werkkanal in Hinterbrühl grüßt seit 1939 ein martialischer bronzener Flößer die einfahrenden Flöße.

Bei den Kiesausbaggerungen für die Dämme des Kanals entstand ein kleiner See, der Hinterbrühler See, der zwar nicht zum Baden geeignet ist, aber auf dem man im Sommer mit Ruderbooten paddeln und im Winter Eisstock schießen kann. Auch die Isarfischer nutzen den See – als Aufzuchtgewässer für Besatzfische.

Bei dem Bootshaus befindet sich noch ein Kioskbetrieb mit einem kleinen Biergarten. Von hier oder von einer Bank aus kann man verschiedene Wasservögel oder dümpelnde Karpfen beobachten.

Doch die meisten Besucher Hinterbrühls kommen nicht wegen des Sees, sondern wegen des erhöht am Isarhang liegenden Gasthofs Hinterbrühl, der mit einer großen Terrasse zu den Biergarten-Highlights in der unmittelbaren Umgebung Münchens gehört.

Nicht nur die Bewohner der angrenzenden Villenkolonie Prinz-Ludwigs-Höhe wussten von Anfang an diese Idylle zu schätzen, selbst der ehemalige Bundespräsident Walter Scheel war hier zu Gast. Für Fans von 1860 München war Hinterbrühl lange Jahre eine Kultstätte, denn sie wurde vom Präsidenten des Fußballvereins, Karl-Heinz Wildmoser, bis zu seinem Tod 2010 betrieben.[20] Vielen Fans war die Bezeichnung „Hinterbrühl" gar nicht präsent. Man ging einfach „zum Wildmoser". Heute gehört der Betrieb zur Haberl-Gastronomie.

Am Südende des Sees führt eine Brücke über den Floßkanal. An ihr liegt das denkmalgeschützte ehemalige Schleusenwärterhaus.

20 Wildmoser war von 1992 bis zu seinem Rücktritt 2004 Präsident von 1860 München. Viele Fans warfen und werfen ihm noch heute vor, durch den gemeinsamen Bau der AllianzArena mit dem Erzrivalen Bayern München die Identität des Vereins verkauft zu haben.

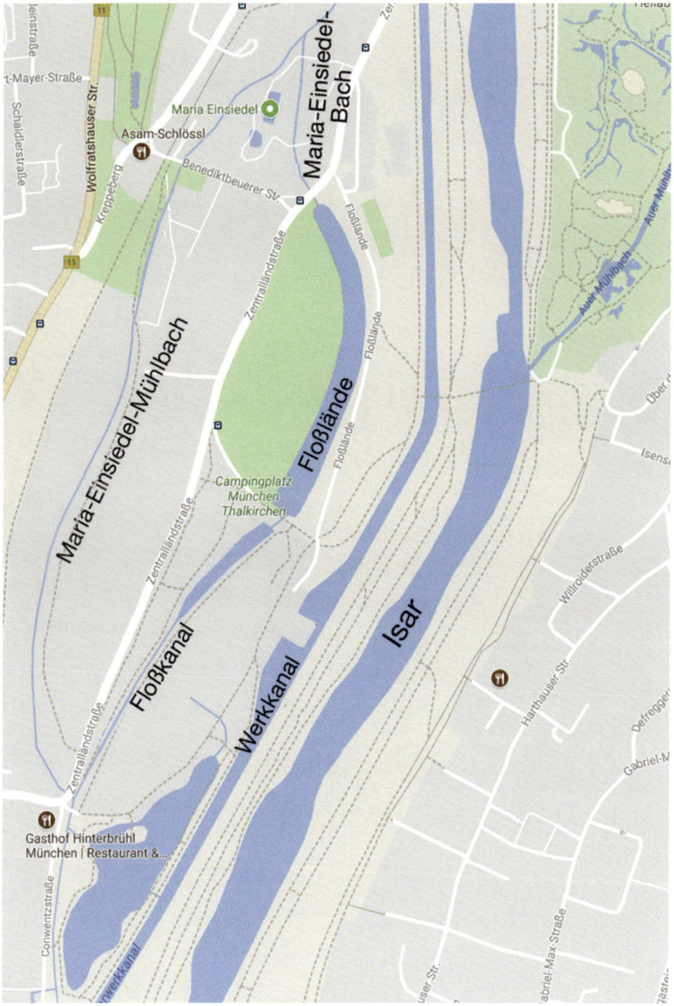

Plan von den Bächen um Hinterbrühl

Rast am Hinterbrühler See

Die Gaststätte Hinterbrühl

Maria Einsiedel und Thalkirchen

Wie der nebenstehende Ausschnitt aus einem Gewässerplan von 1802 zeigt, handelt es sich bei Thalkirchen und Maria Einsiedel um zwei sehr alte Ansiedlungen.

Das Asam-Schlösschen (links) und die nicht mehr existierende Kapelle in Maria-Einsiedel. Georg von Dillis um 1805

Diesem Plan kann man auch entnehmen, dass beim heutigen Hinterbrühl ein schmaler Seitenarm von der Isar abzweigte. Er ist als *„Maria Einsidler mühlbachl"* beschriftet, floss an der westlichen Hangkante entlang und mündete bei Thalkirchen in die Isar. An diesem Bach entstand etwas erhöht über einer Mühle und Sägmühle die Ansiedlung **Maria Einsiedel** mit einer Kapelle und einem Schlösschen.

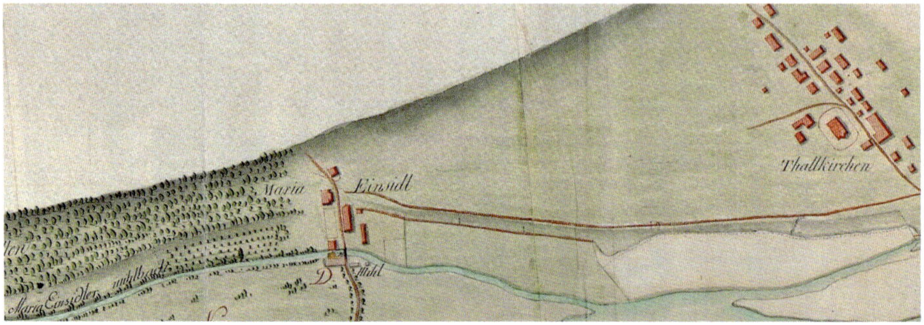

Ausschnitt aus Adrian von Riedls Plan „Die Isar von Thalkirchen bis München" von 1802

Seit dem Ende des 19. Jahrhunderts stand an dieser Stelle – nur 600 Meter vom Bahnhof Thalkirchen entfernt – auch ein Bahnhof der Isartalbahn. Übrig geblieben ist einzig das schmucke Asam Schlössl.

Der Barockbaumeister Cosmas Damian Asam hatte 1724 hier ein Anwesen erworben und zum Landsitz umgebaut. Später wurde das Gebäude dann als Gaststätte „Maria Einsiedel" bewirtschaftet.

Nach Zerstörungen im Krieg wurde es von dem Architekten Erwin Schleich wieder aufgebaut und, 1992/93 von der Augustiner Brauerei restauriert, zum „Asam Schlössl".

Die Gaststätte „Maria Einsiedel" 1929

Mit dem Ende des 19. Jahrhunderts hatte sich die Gewässersituation rund um Maria Einsiedel grundlegend geändert. Durch den Bau des Werkkanals war der einstige Mühlbach von der Isar abgeschnitten. Etwa zeitgleich wurden die städtischen Floßländen aufgegeben, und man baute auf Höhe von Maria Einsiedel eine neue Floßlände, die durch Aufstauung eines Floßkanals entstand, der bei Hinterbrühl vom neuen Werkkanal abzweigte.

Ab dem dortigen Wehr wird dieser Floßkanal zum Maria-Einsiedel-Bach, der durch das Maria-Einsiedel-Bad fließt und nach 570 Metern vor der Thalkirchner Brücke in den Werkkanal mündet. Dieses unter Eingeweihten beliebte städtische Freibad besteht seit 1899 und wurde 2007/08 in ein Naturbad umgewandelt, das ohne Chlor oder andere chemische Zusätze auskommt. Es ist in eine weitläufige Parklandschaft eingebettet. Man erreicht das Bad in wenigen Minuten von der U-Bahn-Station Thalkirchen, wenn man der Zentralländstraße folgt. Dabei kommt man an einigen Bootshäusern von Ruderclubs und einem vor allem bei Familien mit Kindern beliebten Biergarten der Naturfreunde vorbei.

Doch was ist aus dem einstigen „Mühlbachl" geworden? Dafür schuf man unmittelbar unter der Gaststätte Hinterbrühl mittels eines kleinen Dükers, einer Rohrleitung, einen neuen, allerdings nur periodischen Zulauf aus dem Floßkanal. Die meiste Zeit speist es sich allein aus Hangquellen des westlichen Hochufers. Nach einer teilweise verrohrten Strecke von 1300 Metern fließt es beinahe unbemerkt durch Maria Einsiedel und vereinigt sich auf dem Gelände des Bades mit dem Maria-Einsiedel-Bach.

Am Maria-Einsiedel-Mühlbach

Das heutige Asam Schlössl

***

Thalkirchen kennen viele Münchner nur als U-Bahn-Station der Linie 6 auf dem Weg zum Tierpark und Touristen als Standort eines schön gelegenen Campingplatzes, der leider etwas in die Jahre gekommen ist. Dabei haben sich hier, um die Kirche St. Maria von 1268, noch erkennbare Reste des alten Ortskerns erhalten.

St. Maria von Thalkirchen

Das Gotteshaus, zum ersten Mal 1268 erwähnt, ist aber durch spätere Umbauten im Barock und Rokoko und einen neubarocken Anbau von Gabriel von Seidl vom Anfang des 20. Jahrhunderts geprägt. Einen Abstecher lohnt auch der romantische kleine Friedhof mit alten Grabsteinen und -kreuzen.

Gegenüber der Kirche existiert noch, wie es sich gehört, der „Alte Wirt" mit einem Biergarten, sowie einige Häuser, die den Krieg und die anschließende Modernisierungswelle überstanden haben.

Um 1910 gab es neben einer Kuranstalt noch mindestens zwei weitere Wirtshäuser, die „Deutsche Eiche" und einen Unionsbräu-Ausschank, und sogar eine eigene Weizenbierbrauerei. Nicht zu vergessen einen Bahnhof der Isartalbahn. An dessen nördlichem Ende befanden sich Lokomotiv- und Wagenschuppen, sowie eine Reparaturwerkstätte. In den letzten Jahren wurden die Backsteingebäude entkernt und zu einem schicken Gewerbegebiet umfunktioniert.

An dieses schließt sich am Maria-Einsiedel-Bach bis zur Thalkirchner Brücke ein neues Wohnviertel namens „Isargärten" an.

Spaziergang von Thalkirchen nach Hinterbrühl.

Hinter dem Vorplatz von St. Maria in Thalkirchen führt der Kirchweg nach wenigen Metern in den Gerlinger Park. Vorbei an von Entengrütze bedeckten Quelltümpeln, gelangt man zur Maria-Einsiedel-Straße, die beim Asam Schlössl überquert wird.

Man folgt dem Hinterbrühler Weg, der am Maria-Einsiedel-Mühlbach, vorbei an Schrebergärten, entlang führt und den Thalkirchner Golfplatz quert. Kurz vor der Gaststätte Hinterbrühl stößt man auf die Zentralländstraße. Dort lädt der Terrassen-Biergarten der Gaststätte Hinterbrühl zu einer Rast ein, bevor man auf einer Brücke den Floßkanal überquert und auf einem der verschiedenen Spazierwege am Werkkanal oder an der Isar zur Thalkirchner Brücke zurückkehrt.

Blick über die Frauenbergstraße zur Kirche Maria Himmelfahrt. Foto 1898

Der Flaucher – Badeparadies und Biergarten

Für die linksseitigen „südlichen Isaranlagen" zwischen Flauchersteg und Braunauer Eisenbahnbrücke, wie sie offiziell bezeichnet werden, hat sich die Bezeichnung „Flaucheranlagen" oder einfach „Flaucher" eingebürgert.

Noch Anfang des 19. Jahrhunderts war fast die ganze Gegend eine weitgehend undurchdringliche Auwaldwildnis. Sie diente zum Teil dem städtischen Abdecker als „Wasenstatt"[21], wie man Stadtplänen des 19. Jahrhunderts entnehmen kann. Das brachte ihr eine Zeit lang den Namen „Abdeckerinsel" ein.

Als unter Bürgermeister Jakob von Bauer[22] 1839 begonnen wurde, auch die weiter südlich der Stadt gelegenen Isarauen durch Spazierwege zu erschließen, entstand so eine durchgehende Promenade von der Reichenbachbrücke fast bis Thalkirchen. Erst durch die Neuanlage der Wittelsbacherstraße wurde diese mehr oder weniger auf die heutigen Flaucheranla-

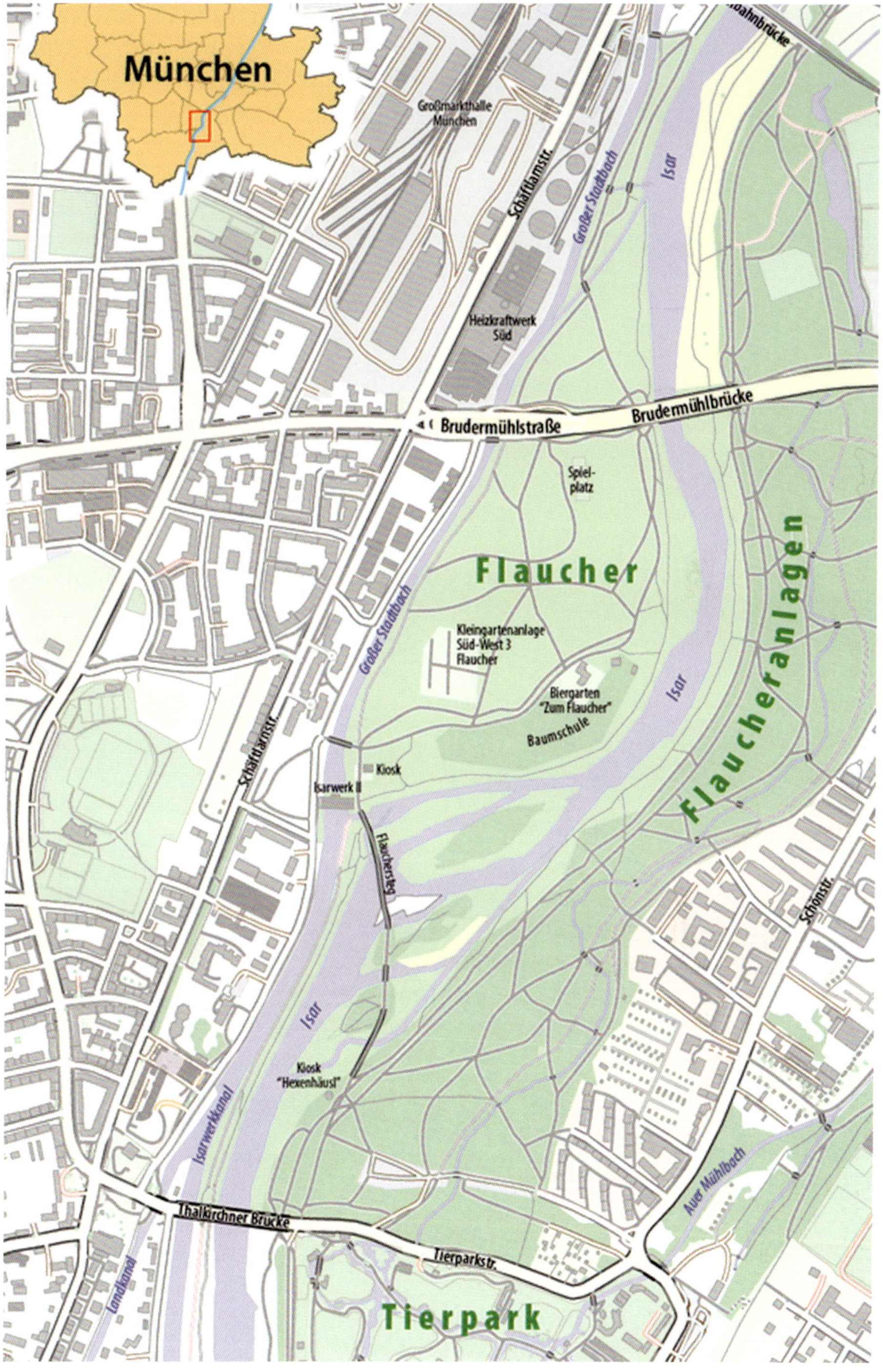

21 Abdecker, Wasenmeister oder Schinder ist die Bezeichnung für ein und denselben Beruf: Er war zuständig für die ordnungsgemäße Beseitigung von Tieren, vom Hund aufwärts. Auch das Begraben von Selbstmördern gehörte zu seinem Tätigkeits bereich.

Sie waren zwar wie die Scharfrichter in der Öffentlichkeit geächtet, andererseits scheint ihre Tätigkeit recht einträglich gewesen zu sein. Jedenfalls war der Betreiber der Wasenmeisterei, Anton Kuisel, Besitzer von zwei Häusern, eines davon in der Mühlgasse 2, weitab von seinem Betrieb, in der Innenstadt zwischen Oberem und Unterem Anger.

22 Ein Denkmal nahe der Brudermühlbrücke erinnert an ihn.

gen reduziert. (Siehe auch das Kapitel über die Wittelsbacherstraße.)

Mitten in diesem Auwald, an der Stelle der heutigen Gastwirtschaft „Zum Flaucher", ließen die Wittelsbacher auf dem Gelände der städtischen Baumschule eines ihrer vielen Jagdhäuser errichten.

1873 eröffnete dann der Gastwirt Johann Flaucher dort eine Gastwirtschaft mit einem Wirtsgarten, die schon bald viele Besucher aus der nahen Stadt anzog und schließlich der ganzen Insel zwischen Isar und großem Stadtbach die Bezeichnung Flaucher eintrug. Zu den Gästen gehörten sicher auch Besucherinnen des Frauen-Freibads, das 1875 nebenan eingerichtet wurde.

In den zwanziger Jahren des letzten Jahrhunderts übernahm die Bedienung Adelheid Bornschlegl die Wirtschaft und führte sie über 50 Jahre bis 1979. Legendär waren ihre Fleischpflanzl. Für notwendige Renovierungen und technische Neuerungen fehlten der mittlerweile betagten Wirtin jedoch die Mittel. Zehn Jahre nach ihrem Abschied übernahm dann die Wirtsfamilie Haberl den Betrieb und machte ihn zu dem, was er heute ist: mit 2.000 Plätzen zu einem der größten Biergärten Münchens.

Das eigentliche Zentrum des Flaucher ist allerdings der Flauchersteg, auf den man sowohl auf dem östlichen wie auch dem westlichen Isarradweg stößt.

Es handelt sich um eine 340 Meter lange Fußgänger- und Radfahrerbrücke, die früher ganz aus Holz bestand und nach verschiedenen Hochwassern immer wieder erneuert werden musste. Heute ruht die Holzkonstruktion auf massiven Betonpfeilern und Eisenträgern. Die Brücke führt über vier durch Baumwuchs verfestigte Kiesinseln und überbrückt dabei mehrere Flussarme. Hier, an den Thalkirchner Überfällen mit einer Fallhöhe von 2,50 Metern, wurde bis zum Bau der Kraftwerke Süd II und III der Große Stadtbach, jetzt Teil des Werkkanals, abgeleitet. (Siehe auch das Kapitel „Kraftwerkskanäle und Kraftwerke".)

Der Steg dient nicht nur der Erschließung der Inseln durch zwei Treppen, sondern ist auch eine beliebte Aussichtsplattform. Denn bei schönem Wetter – manchmal schon im März/April – sind die Kiesinseln von oft nackten Sonnenanbetern bevölkert. Die Inseln sind längst zur „Isarriviera" geworden, wie sie der „Spaziergänger" Sigi Sommer – heute nur noch als Bronzefigur im Rosental präsent – einst bezeichnete.

Flaucher ist längst zu einem Synonym für Badespaß an der Isar geworden. Bei Kindern erfreut sich auch der Fischpass, der die dortige Isarschwelle seit der Renaturierung für Fische passierbar macht, großer Beliebtheit – als wohl schönster Wasserspielplatz Münchens. Eine weitere Attraktion für Kinder ist die seeartige Erweiterung des Flusses zwischen Tierparkbrücke und Flauchersteg. Dort können sie den vielen Wasservögeln, besonders Schwänen, ganz nahe kommen, die sich hier nicht zuletzt wegen der regelmäßigen – wenn auch verbotenen – Fütterungen aufhalten.

Für Erwachsene lassen sich durch den Steg Spaziergänge zu allen Jahreszeiten und Witterungen zu Rundgängen gestalten. Geradezu aufregend kann ein Spaziergang bei hohem Wasserstand oder gar Hochwasser sein, wenn einem die Gischt ins Gesicht sprüht.

Macht man sich vom U-Bahnhof Thalkirchen am Werkkanal entlang auf den Weg zum Flaucher-Biergarten, wird nach dem Passieren von Klinikgebäuden und dem Isarkraftwerk Süd II rechter Hand eine Brücke erreicht. Diese führt über den einstigen Großen Stadtbach, der früher alle Stadtbäche und den Stadtgraben mit Wasser versorgte und erst mit dem Bau des Werkkanals und der Südwerke zu einem Abschnitt des Werkkanals wurde. Sobald man diese so genannte Schinderbrücke überquert hat und rechts auf den Flauchersteg zusteuert, wird der Schinderstadl mit seinem schattigen Biergärtchen, etwa an Stelle der ehemaligen Wasenstatt erreicht.

Die Flaucherwirtschaft um 1920

Die Flaucherwirtschaft heute

Der Flauchersteg

Fischpass und Kinderspielplatz im April

Badebetrieb am Flaucher

Der Schinderstadl

Führt einen der Weg von der Ostseite über den Flauchersteg, stößt man schon nach wenigen Metern auf ihn.

Dieser an eine Almhütte erinnernde „Stadl" ist erkennbar kein historisches Gebäude, sondern wurde in den siebziger Jahren an Stelle eines halb verfallenen ehemaligen Wirtschaftsgebäudes errichtet, von der Bevölkerung als Schinderstadl bezeichnet. Er hat aber nicht unmittelbar mit der ehemaligen Wasenmeisterei zu tun. Aus dem ursprünglichen Kioskbetrieb entwickelte sich in den letzten Jahren, als Filiale der Flaucherwirtschaft, mehr und mehr ein veritabler Biergarten mit immerhin 80 Plätzen. Er ist mittlerweile zu einer Institution für die zahlreichen Sonnenanbeter und Grillfreunde rund um den Flauchersteg geworden. Man bekommt dort nicht nur Getränke und Brotzeiten, sondern auch warme Gerichte und kann sich sogar mit Nachschub für seine Grillstation an der Isar eindecken.

Außer der Flaucherwirtschaft und dem Schinderstadl sind die Anlagen, abgesehen von einer zwischen Gebüsch und Gehölz versteckten Heimgartenanlage und einer städtischen Baumschule, frei von jeder Bebauung. Ein „Großbauwerk" allerdings, die Brudermühlbrücke mit ihren Auffahrtsrampen, durchschneidet das Gebiet sehr unsensibel und lässt nur einen Durchgang an der Isar, nicht aber am Großen Stadtbach (Werkkanal) frei.

Der westliche Arm, der vom höher gelegenen Kraftwerkskanal zur Isar herunter in den so genannten Rossgumpen schießt.

Die Wittelsbacherstraße zwischen Braunauer Eisenbahnbrücke und Reichenbachbrücke

Die heutige Wittelsbacherstraße erstreckt sich vom Roecklplatz, wo 2015 auf dem Gelände der abgerissenen Rodenstock-Fabrik eine Eigentumswohnanlage fertiggestellt wurde, bis zur Reichenbachbrücke.

Auf dem Plan von 1888 gibt es hier noch keine Straße, statt dessen einen Landschaftspark, hinter dem die Auenstraße – 1865 noch Obere Isarstraße – verläuft.

„Am Ende der Auenstraße lag hinter dem großen, eingeplankten Platze, der im Sommer als Rennplatz für die Radfahrer, im Winter als Eisbahn für die Schlittschuhläufer diente, eine Reihe von uralten, einstöckigen Häuschen, umgeben von Gärten, Gemüsefeldern und Schuttablagerungen.

Die Bauart war die denkbar einfachste, ländlichste. Die Wände waren wettergrau, die Thüren und Fenster ohne Symmetrie, die Ziegeldächer saßen windschief. Aber es sprach etwas Trauliches, Anheimelndes aus diesen anspruchslosen Gebäuden... kurz, jedes hatte etwas, was die Freude seiner Bewohner an dieser stillen ländlichen Natureinsiedelei im Rücken der Stadt und fünfzig Schritte von der Isar, die zwischen hohen Bäumen und Büschen eilig dahinrauschte, zur Lust am Romantischen im stimmungsvollen

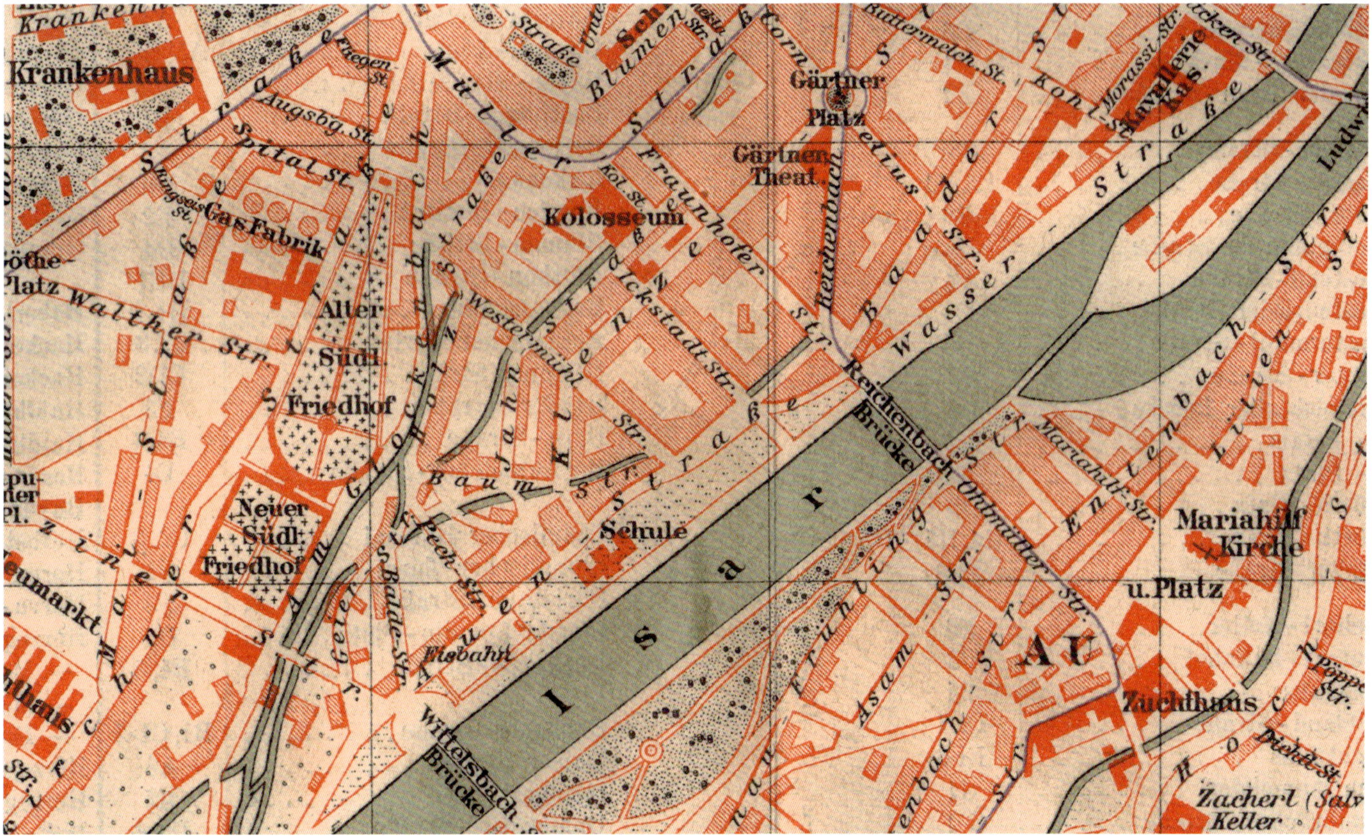

Kartenausschnitt von 1888 aus Mayers Konv.-Lexikon

Die Eisbahn 1888 zwischen Auenstraße und Isar, heute Wittelsbacherstraße

Kleinleben der Armut erhöhen konnte", beschreibt der Augenzeuge Michael Georg Conrad in seinem Buch „Was die Isar rauscht" die Situation vor der Anlage der Wittelsbacherstraße.

Nicht nur Conrads Romanfiguren gingen hier gerne spazieren, sondern es war auch schon König Ludwigs I. „Lieblingsgang", zitiert Klaus Bäumler in dem Buch „Grünanlagen in der Stadtplanung von München" Baurat Muffat. *„...kein schöner Tag vergeht, an welchem sich nicht unser über alles geliebter Monarch auf diesem Damm ergeht, um die herrliche Aussicht in das Gebirge zu genießen."*

In den achtziger Jahren des 19. Jahrhunderts entbrannten heftige Auseinandersetzungen um die Neugestaltung des Isarufers. Conrad zitiert aus einem fiktiven Brief der „roten Lehelbrüder" an einen stadtbekannten Bauspekulanten: *„Unser Volksverein hat vernommen, dass nächstens ... die vollständige Umgestaltung und Neubebauung des linken Isarufers in München in großem Stile durchgeführt werden soll; das halbe Lehel, die Ländstraße, die Wasser- und Auenstraße werden diesem Plane zum Opfer fallen. Hunderte von armen Familien, die seit undenklichen Zeiten still und zufrieden da gewohnt, werden von den Isarufern vertrieben oder in ungesunde Kellerwohnungen oder in entlegenere Pesthöhlen des Proletariats gedrängt werden. Der Grund und Boden, an den uns so viele Familienerinnerungen knüpfen, der uns gewissermaßen heilig ist, wird uns von der Bauspekulation entrissen, um ihn mit glänzenden Straßen, mit Villen und Zinspalästen zu bedecken..."*

Was ihn dabei noch besonders empörte, war die Gestaltung der zu erwartenden Bebauung: *„...wie es Modeschneider gibt, so etablieren sich die Mode-Architekten. Diese thun ein Büreau auf. Da liegen die architektonischen Modezeichnungen. Man hat alle Stilmuster auf Lager: das klassische, das gotische, das deutschrenaissanceliche, das kompromissliche u.s.w. Alle Jahre schiebt man den neuesten alten Stil als den tonangebenden in den Vordergrund: dem gehört die Zukunft."*

1888 war dann endgültig Schluss mit der Idylle. Die Uferpromenade wurde parzelliert und erhielt den Namen Wittelsbacherstraße. Als erstes Gebäude wurde die noch heute bestehende Volksschule errichtet, die auch schon in dem Plan von 1888 eingetragen ist. Um sie herum entstand zwischen 1889 und 1902 nach Plänen verschiedener Architekten eine geschlossene Zeile von Mietshäusern, weitgehend im Stil der Neu-Renaissance.

Unterbrochen wurde sie durch die Kirche St. Maximilian, erbaut zwischen 1892 und 1908 nach

Maximilianskirche um 1914

St. Maximilian heute

Plänen des Architekten Heinrich von Schmid. Das im neoromanischen Stil erichtete katholische Gotteshaus ist bis heute eine der Dominanten des städtischen Isarufers.

Die Kirche, wie sie sich heute präsentiert, gibt manchem Spaziergänger Rätsel auf: Sehen die Türme nicht seltsam aus, oder fehlt da was? Alte Bilder von vor dem 2. Weltkrieg lösen das Rätsel.

Im Zweiten Weltkrieg wurde sie bei mehreren Bombenangriffen schwer beschädigt und ab 1949 ohne die ursprünglichen achteckigen Turmabschlüsse wieder instand gesetzt. Und so merkwürdig das erscheinen mag: Die Kirche hat dadurch einen ganz eigenen Reiz gewonnen, der Ruinen oft eigen ist. Denken wir nur an die Gedächtniskirche in Berlin.

Auch die repräsentativen Mietshäuser wurden zum großen Teil im Krieg zerstört oder schwer beschädigt. Die noch erhaltenen bzw. mit vereinfachten Fassaden wieder errichteten Häuser stehen heute unter Denkmalschutz.

Neben einer breiten Autostraße, einer Baumreihe und einem getrennten Fuß- und Radweg führt eine steile, befestigte Böschung zum Isarufer hinunter, die mit Bäumen und dichtem Gestrüpp bewachsen ist und sich jeglicher Renaturierung entzieht.

Am gegenüberliegenden Ufer breiten sich im Hochwasserbett

Blick von der Wittelsbacherbrücke im Winter 2007/8.
Die alten Weiden rechts, die nach der Renaturierung eine Insel bilden, stehen noch im Hochwasserbett.

Der „Bau" der Weideninsel beginnt.

die Wiesen des renaturierten Flusses aus.

Bei der Renaturierung wurde hier 2009 eine künstliche Insel angelegt.

Um eine Gruppe alter Weidenbäume im Hochwasserbett leitete man einen neuen Isararm und machte so die Baumgruppe zu einer Insel. Da es ihr nicht ergehen sollte wie den vielen Kies- und Sandinseln vergangener Jahrhunderte, die oft nur bis zum nächsten Hochwasser bestanden, hat man sie mit einem Korsett von Bruchsteinen befestigt und mit zusätzlichem Weidengebüsch bepflanzt.

Ursprünglich war sie einmal als Rückzugsraum für Vögel und Kleintiere gedacht, geschützt durch ein Betretungsverbot. Man nannte die Insel von Anfang an Weideninsel, ohne dass ihr dieser Name offiziell verliehen worden wäre. Da auch ein von der Presse initiierter Wettbewerb keinen überzeugenden Namen erbrachte, blieb er ihr.

Flussabwärts, in ihrem Schutz, werden bei Niedrigwasser kleine Satelliteninseln aus Kies sichtbar, deren Gestalt einer ständigen Veränderung durch Hochwasser unterliegt. Sie vermitteln einen Eindruck, wie in der Zeit vor der Isarregulierung nach jedem Hochwasser neue Inseln entstanden und wieder verschwanden.

Im Sommer 2011 ist die Weideninsel durch den Plan einer Fußgängerbrücke ins Blickfeld geraten. Diese soll als Klenzesteg über die Insel die beiden Flussufer verbinden.

Umstritten ist nicht nur die Notwendigkeit dieses zusätzlichen Isarübergangs, sondern ebenso, ob er nur als Fußweg oder auch für Radfahrer konzipiert werden soll.

Die „fertige" Weideninsel

Die Erhardtstraße zwischen Reichenbach- und Ludwigsbrücke

Bis zum Beginn des 19. Jahrhunderts hatte auch das gesamte Gebiet zwischen Reichenbach- und Ludwigsbrücke noch ländlichen Charakter. Das änderte sich erst mit dem Bau der Neuen Isarkaserne, die als Ersatz für die gegenüber auf der damaligen Kohleninsel liegende Alte Isarkaserne um 1817 entstand.

Der riesige Militärkomplex mit einem Heu- und Holzmagazin und einer Reitschule zwischen Zweibrücken- und Kohlstraße prägte nun die ganze Gegend. Neben der maroden Bausubstanz war es schließlich auch die Befürchtung, die Nähe zur Stadt und die rund um die Ludwigsbrücke florierende Straßenprostitution könnten die Moral der Soldaten gefährden, die 1902 zu einer Verlegung der Kaserne auf das Oberwiesenfeld führten.

Die Kasernengebäude wurden jedoch erst für den Bau des Deutschen Patentamts 1953 abgerissen. Dieses wurde von den Architekten Franz Hart und Georg Hellmuth Winkler in den Jahren 1953 bis 1959 geplant und vollendet. Der schlichte Backsteinbau steht als exemplarisches Bürogebäude der fünfziger Jahre unter Denkmalschutz.

1891 wurde die vormalige Wasserstraße nach dem 1888 verstorbenen Oberbürgermeister Erhardt umbenannt.

Zu dieser Zeit herrschte eine wahre Umbenennungs- und Bauwut. Alle Straßennamen, in denen ein Bezug zum Wasser oder zum Fluss zum Ausdruck kam, erhielten neue Namen, vermutlich, weil sie verknüpft waren mit den Wohnbezirken der armen Bevölkerung im einstigen Überschwemmungsgebiet. Das betraf neben der Wasserstraße die Floßstraße, die Straße „An der Länd", die „Äußere Isarstraße", die Straße „Am Gries" und sogar in der gegenüber liegenden Au die „Untere Isargasse". Nichts sollte mehr an den dörflichen Charakter erinnern. *„Ich selbst zog einmal in der Wasserstraße ein, acht Tage darauf verließ ich das nämliche Haus in der Erhardtstraße"*, spottet

Alte und Neue Isarkaserne auf dem Seitz-Modell (1841-1863)

Die Neue Isarkaserne, auch Schwere-Reiter-Kaserne, an der Ecke Erhardt-/Zweibrückenstraße. Foto um 1905

Blick von Ostende der Corneliusbrücke über die Isar auf die Häuser der Erhardtstraße. Links hinter der Reichenbachbrücke St. Maximilian, davor die Neue Isarkaserne. Foto 1910

Conrad in seinem Buch „Die Beichte des Narren" von 1891.

Ab ca. 1885 entstand vor allem im südlichen Teil der neuen Straße eine geschlossene Zeile von meist neubarocken repräsentativen Mietshäusern.

Lediglich im Bereich zwischen der Neuen Isarkaserne und der Kohlstraße hielt sich die alte Bebauung mit Kleinhäusern noch etwas länger, wie das Foto von 1913 zeigt. Kurz danach erfolgte auch hier die Bebauung mit Mietshäusern.

Erhardtstraße 19-24. Foto 1913

Etwa die Hälfte der neubarocken Häuser der Erhardtstraße südlich des Deutschen Patentamtes hat die Luftangriffe des zweiten Weltkriegs mehr oder weniger unbeschädigt überstanden.

Die elf Mietshäuser zwischen Cornelius- und Kohlstraße mussten allerdings gegen erhebliche Widerstände der Bevölkerung in den Jahren 1975 bis 1980 dem Europäischen Patentamt weichen. Die Proteste richteten sich nicht nur gegen den Verlust des Wohnraums, sondern auch gegen den befürchteten Verlust des Charakters des ganzen Stadtviertels. Inzwischen hat man sich an den mächtigen, dennoch filigranen Baukörper der Hamburger Architekten Gerkan, Karg und Partner gewöhnt. Die Angst vor dem Verlust des Charakters alter Stadtviertel hat jedoch in jüngster Zeit um sich gegriffen.

Die verbliebenen Gründerzeithäuser an der Erhardtstraße stehen heute unter Denkmalschutz.

Das Deutsche Patentamt

Das Europäische Patentamt

Die Steinsdorfstraße und die „Deutsch-Nationale Kunstgewerbeausstellung" von 1888

Ein Bild am Schluss des Kapitels „Eine Floßfahrt auf der Isar" zeigt die idyllische Situation an der damaligen Floßstraße, der heutigen Steinsdorfstraße, gegen Ende des 19. Jahrhunderts. Zu der Idylle trugen ganz wesentlich drei beliebte Flößerwirtschaften bei.

Doch das Schicksal dieser Idylle war längst besiegelt. Denn viel Geld war nach dem Sieg im Deutsch-Französischen Krieg von 1870/71 im Umlauf und suchte nach gewinnbringenden Anlagen.

Der Grüne Baum, Foto 1886

Das Ketterl, Foto 1880

Der Rote Turm an der Ludwigsbrücke, Foto 1875

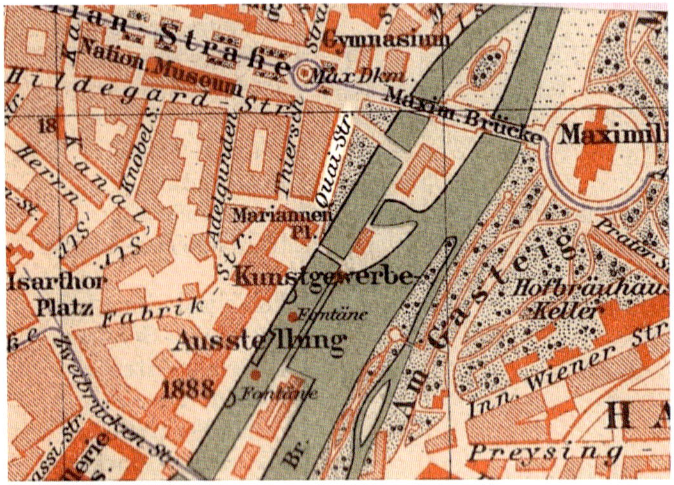

Ausschnitt aus einem Stadtplan aus Meyers Konversations-lexikon von 1888, bereits mit der Quaistraße

Die Steinsdorfstraße, die ehemalige Quaistraße. Vorne ihre Kreuzung mit der Maximilianstraße, Foto 1910

In Michael Georg Conrads Roman „Was die Isar rauscht" bekommt man einen anschaulichen Eindruck von den damaligen Entwicklungen in München, insbesondere am Flussufer.

Conrad war mit den bestimmenden Kreisen der Stadt gut vernetzt, so dass seinen Schilderungen hohe Glaubwürdigkeit zukommt. Meine Darstellung der Ereignisse stützt sich deshalb in erster Linie auf diesen „Insider".

„Der Plan ist noch nicht ganz reif, steht aber in seinen Grundzügen fest: Ich beschreite mit einem Konsortium hervorragender Bankleute und Architekten ein neues Feld der Thätigkeit. Bauspekulationen im großen Stil, verehrter Herr Baron! Ich werde mich hart an der Isar ansiedeln. Die Isar ist der Goldstrom für das neue München. Wir müssen uns der Isar bemächtigen, das heißt: ihrer Wasserkräfte, ihrer Ufer und ihrer Inseln. Was für Baugründe, was für Villenviertel, was für pompöse Zukunftsstraßen! Nichts spricht deutlicher für die wirtschaftliche Beschränktheit der Altmünchener, als daß sie für ihre Stadt jahrhundertelang nichts aus der Isar zu machen wußten. Das wird jetzt mit einem Schlage anders: zunächst Ausbau der Quaistraße, Regulierung der Prater-, der Feuerwerks- und der Kohlen-Insel und Einbeziehung in den Bebauungsplan; sodann Ausnützung der riesigen Wasserkraft, welche uns das Hochgebirge gratis in ungeheurem Schwall herunterschickt, zur elektrischen Beleuchtung der Stadt. Die Isar wird das Zentrum einer wunderschönen Verjüngung Münchens, hier wird sich die Kunst, der Reichtum, die Aristokratie ansiedeln in pompösen, komfortablen Bauten..."

So lässt Conrad einen Bankkaufmann von seinen Zukunftsträumen schwärmen.

Für diese „pompösen, komfortablen Bauten" gab es bereits ein Vorbild, nämlich die Quaistraße. Zu ihr heißt es im Stadtadressbuch von 1880/81: *„Hier erhebt sich am linken Uferdamme der Isar, unmittelbar an das südöstliche Ende der (inneren) Maximilianstraße anschließend, eben die längst gewünschte stattliche Häuserreihe. Die Straße zählte früher zur „Floßstraße" und hat ihren heutigen Namen seit 28. Sept. 1877, resp. 1. Jan. 1878."* Was für ein Pathos in dem sonst so nüchternen Adressbuch!

Verzeichnet sind nur die Eigentümer, noch keine Mieter. Erst im Adressbuch von 1884/85 sind die acht feudalen Mietshäuser zwischen Mariannenplatz und Maximilianstraße bewohnt, u. a.

von dem „Dr. philos. u. Schriftst. Gg. Conrad" auf Nummer 3.

Schon die mondäne Straßenbezeichnung Quaistraße statt Kaistraße sollte der ganzen Welt zeigen, dass man nicht nur militärisch, sondern genauso auf dem Gebiet der Architektur unschlagbar war. Doch man hatte die Rechnung ohne die Münchner gemacht, die daraus eine G´weihstraße und damit so manchen Ehemann, der dort wohnte, zum Gespött machten. Vielleicht auch deshalb wurde sie bereits 1888 in Steinsdorfstraße umgetauft.

Doch die neue Quaistraße bedeutete nur den Anfang der Umgestaltung des Isarufers im Lehel. In den Flößerwirtschaften wurde darüber heftig diskutiert:

„Es wär´wirklich nicht schade d´rum, wenn das ganze Nest da drunten in Rauch und Flammen aufginge... Das Lehel ist zwar ein Stück Altmünchen, wie man´s nicht schöner malen kann, aber es passt nicht mehr in den Rahmen der modernen Stadt... Mit dem Gerümpel muss aufgeräumt werden. Dann gibt´s Baugründe für wahre Prachtstraßen vom Gries bis an die Maximiliansbrücke..." so der eine.

Und ein anderer ergänzt: *„Die Fortsetzung der Quaistraße wird schon besser werden. Wenn erst einmal das ›Ketterl‹ und der ›grüne Baum‹ wegrasiert sind und eine Palastreihe sich die Isar hinaufzieht..."*

Tatsächlich wurde jetzt ein „Isar-Baukonsortium" mit der Bezeichnung „Isarlust" gegründet und der riesige Bauplatz vorbereitet. Die Planungen wurden dem damaligen Münchner Stararchitekten Gabriel von Seidl übertragen.

Als dessen vermutliches Alter Ego aus dem Roman „Die klugen Jungfrauen", der Architekt Joseph Zwerger, auf der abgeräumten Baustelle steht, lässt ihn Conrad phantasieren: *„ ... Hier sollten der verjüngten Kunststadt die Wunderbauten der ›Isarlust‹ erblühen ... und vor seinem Geiste wandelte sich die schutt- und trümmerübersäte Fläche in die Schönheitswelt mit Terrassen und Hallenbauten, Galerien und Riesenfontainen, Gartenanlagen und Bildsäulen, wie er sie erträumt ... Und drüben zwischen den hochragenden Bäumen der Praterinsel stieg sein märchenhafter Barockpalast weißschimmernd auf."* [23]

Und der Bildhauer Achthuber setzt noch eins drauf: *„Ein halbes Dutzend lumpiger Millionen und der königliche Schutz – und die Isarufer bedecken sich nach den Zwergerschen Entwürfen mit Kunstausstellungsbauten, Museen, Galerien, dazwischen Privathäusern im reichsten Pavillonstil, Gärten, Anlagen, Brunnenwerken, Statuen und so weiter, wie die Welt nichts Ähnliches gesehen..."*

23 Es ist zu vermuten, dass Conrad Seidls Planungen kannte, denn sie waren beide fest im Münchner Establishment verankert.

Doch Gabriel von Seidls Pläne waren umstritten: zu viel Kunst, zu wenig Kommerz. Oder wie der Berater eines Bauspekulanten aus der Quaistraße über Zwergers/Seidls Projekt urteilt: *„... überdies scheinen Zwergers Pläne für Münchener Verhältnisse viel zu großartig und zu spezifisch künstlerisch. Wir müssen erst Praktiker von bewährtem Rufe hören, bevor wir mit Künstlern und Theoretikern ohne Namen uns einlassen."* Um diese „Praktiker von bewährtem Rufe", besser gesagt „Bauspekulanten", anzuhören, brauchte man Zeit.

Bis dahin wollte man dem Kunstgewerbeverein den Baugrund zwischenzeitlich für seine „Deutsch-Nationale Kunstgewerbeausstellung" (1888-1891) zur Verfügung stellen. *„Bis der Ausstellungspalast gebaut und wieder weggeräumt wird, vergehen Jahre, so dass die streitenden Parteien Zeit haben, mürbe zu werden"*, so beschreibt ein informierter Kommerzienrat die Situation („Die klugen Jungfrauen").

Die Zeit drängte, und im Büro von Gabriel von Seidl existierten bereits die Entwürfe für die hinausgeschobene Bebauung an der Floßlände. Inzwischen war wohl auch die Auseinandersetzung zwischen Kunst und Kommerz zugunsten des Kommerzes entschieden.

Was lag da näher, als dem Büro Seidl, in dem auch Gabriels jüngerer Bruder Emanuel be-

Sieht das nicht so aus wie Zwergers (Gabriel von Seidls) Phantasie? Ist da nicht alles da: Terrassen und Hallenbauten, Galerien und Riesenfontainen, Gartenanlagen und Bildsäulen? Und am rechten Bildrand der weißschimmernde Barockpalast der Isarlust? (Gemälde von H. Nisle, 1888)

schäftigt war, den Auftrag für den „Ausstellungspalast" zu übertragen. Was ursprünglich „für die Ewigkeit" gedacht war, wurde jetzt von Emanuel als Ausstellungsprovisorium errichtet.

Lediglich der „märchenhafte Barockpalast" auf der Praterinsel, das Ausstellungsrestaurant „Isarlust" (heute „Alpines Museum") wurde als dauerhaftes Gebäude errichtet.

So wie auf dem Bild sah es zwischen Ludwigs- und Mariannenbrücke also nur drei Jahre lang aus.

Denn nach drei Jahren – man mag es kaum glauben – wurde die ganze potemkinsche Pracht wieder abgerissen, aber die Diskussionen über die Bebauung des frei gewordenen Geländes waren damit nicht beendet.

Zur selben Zeit entbrannte auch heftiger Streit um einen weiteren evangelischen Kirchenbau, zusätzlich zu St. Matthäus und St. Markus. Diese dritte protestantische Kirche in München war zunächst versteckt an der Nordspitze der Kalkinsel vorgesehen, um die katholische Dominanz in München nicht zu beeinträchtigen. Der Bauplatz am Mariannenplatz mitten im Spekulationsgebiet am Isarufer konnte der evangelischen Kirche von der Stadt nur gegen heftige Widerstände zur Verfügung gestellt werden.

Das Gerangel um einen Bauplatz ist auch wesentlicher Teil von Conrads „Die klugen Jungfrauen" von 1889. Die Meinung eines Kommerzienrats in diesem Roman wirft ein interessantes Schlaglicht auf die religiöse und politische Situation des damaligen München: *„Die Stadt hat diesen Platz den Protestanten zur Erbauung einer dritten Ketzerkirche zugesprochen. Das Baukonsortium Schmerolds will ihn zur Abrundung der eigenen Bauplätze. Natürlich geben die Protestanten nicht nach. ... Der Magistrat zögert, es mit den Ketzern zu verderben und seine Zusage zurückzuziehen. Wissen Sie, der nächsten Wahlen wegen, wo wir die konservativen Protestanten brauchen."*

Dieser „Dom der Protestanten" wurde 1893 bis 1896 von dem Architekten Albert Schmid im historisierenden Stil der damaligen Zeit errichtet. Die Kirche überstand den Zweiten Weltkrieg nahezu unzerstört und wurde 1976 in die Liste schützenswerter Kulturgüter gemäß der Haager Konvention aufgenommen. Seit Jahren finden umfangreiche Restaurierungsarbeiten statt. Wie das katholische St. Maximilian das südliche Isarufer an der Wittelsbacherstraße, so dominiert die evangelische Lukaskirche das nördliche an der Steinsdorfstraße.

Statt der künstlerischen Gestaltung des städtischen Isarufers durch Gabriel von Seidl[24] entstand anschließend eine Straßenzeile von repräsentativen Mietshäusern mit historisierenden Fassaden.

24 Ob allerdings eine Straßenzeile nach dem Vorbild der Kunstgewerbeausstellung eine Bereicherung für München wäre, sei dahingestellt. Für den Tourismus vermutlich schon.

Was macht eigentlich die Vorgänge um die Kunstgewerbeausstellung von vor über 100 Jahren für uns Heutige so interessant?

Da erinnert zum einen vieles an unsere Zeit, wo Stadtplanung wie damals immer häufiger von Profitinterssen gelenkt wird. Und da ist zum anderen die Begeisterung, die vor ein paar Jahren die wieder aufgetauchten Bilder von damals mit einem autofreien Flussufer, mit flanierenden Menschen, Fontänen, Booten, Aussichtsterrassen und einer Freitreppe zum Fluss hervorgerufen haben.
Warum sollte heute nicht Ähnliches als Dauerzustand möglich sein?
Dem stehen zwar erhebliche Probleme entgegen: Statt der durchlässigen Ausstellungsgebäude – ganz zu schweigen von der Situation an der vorangegangenen Floßlände – riegelt seit dem Ende des 19. Jahrhunderts eine weitgehend geschlossene Blockbebauung ohne Geschäfte und gastronomische Einrichtungen – beinahe wie eine Stadtmauer – die Isar von der Stadt ab.

Ein zusätzlicher „Riegel" entstand nach dem Krieg, als die Straße als „Isarparallele" zu einer Hauptverkehrsader wurde.

Vor allem dieser letzte Aspekt macht es schwer vorstellbar, dass hier wieder eine vielbesuchte Isarpromenade entstehen könnte. Doch verbessern ließe sich die heutige Situation zweifellos. Im Schlusskapitel finden sich hierzu einige Anregungen.

St. Lukas mit dem Wehrsteg zwischen Kalk- und Praterinsel. Rechts das Restaurant "Isarlust", im Vordergrund die Baumschule auf der Kalkofeninsel. Foto von 1900

Prachtfassaden an der Widenmayerstraße zwischen Maximilians- und Bogenhauser Brücke

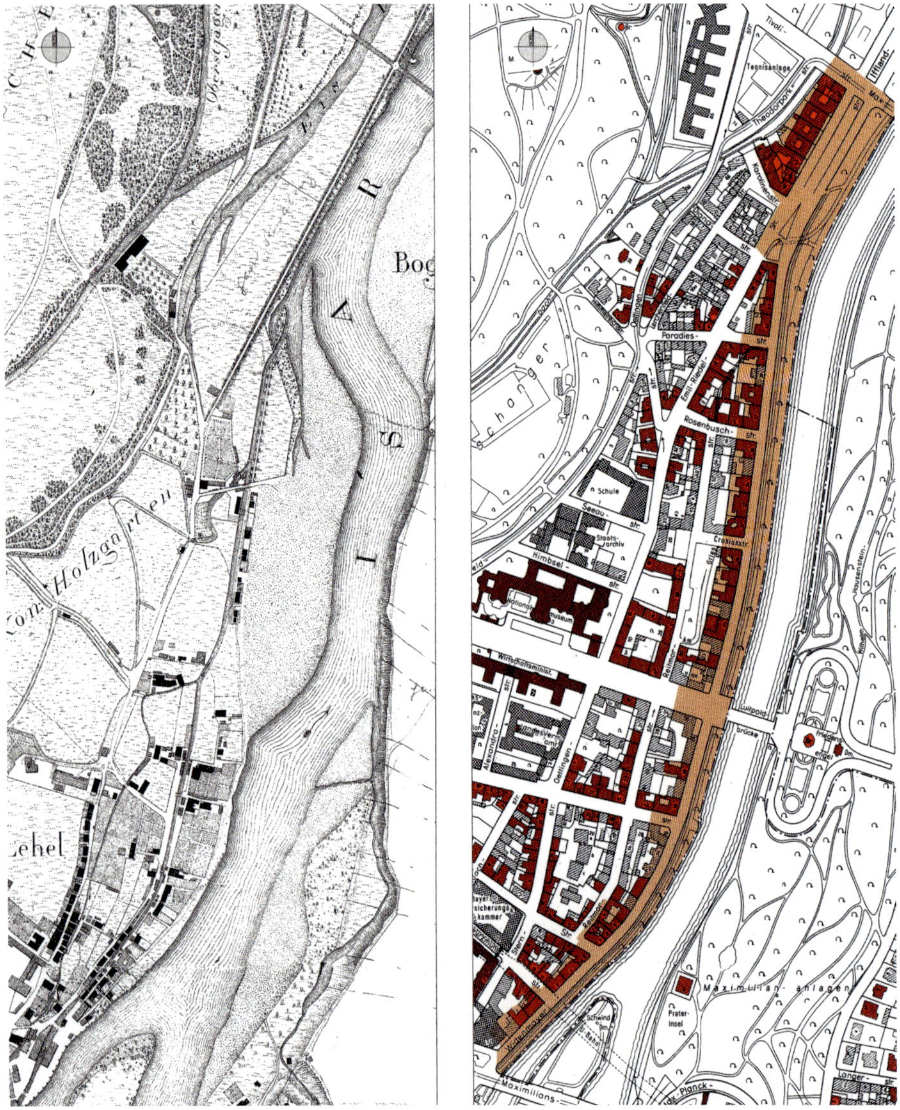

Der Vergleich der Pläne von 1809/12 und 1993 verdeutlicht die Veränderung des Flusslaufs und der Bebauung an seinem westlichen Ufer.
Rot eingefärbt: die denkmalgeschützten Häuser, braun der dem Ensembleschutz unterliegende Bereich. (Aus: Paula, Georg: Ensembles in Oberbayern)

Gleichzeitig mit der Steinsdorfstraße wurde ab 1891 auch das sich nördlich anschließende Isarufer an der Äußeren Isarstraße – bis dahin eine Straße mit neun Häusern, von denen drei Wäschern und drei Floßmeistern gehörten – bebaut. Um überhaupt so dicht am Ufer bauen zu können, musste erst einmal der Fluss durch eine hohe Kaimauer gezähmt werden.

Die Straße erhielt 1893 ihren Namen nach Johannes von Widenmayer, von 1888 bis 1893 Erster Bürgermeister Münchens. Sie ist Ausdruck des gewaltigen Baubooms während seiner Amtszeit. Ursache, aber auch Folge dieses Booms, war das Anwachsen der Bevölkerung zwischen 1880 und 1900 von 230.000 auf 500.000.

Der gesamte Straßenzug, der die Bombardierungen des Zweiten Weltkriegs weitgehend unversehrt überstanden hat, steht heute unter Denkmal- und Ensembleschutz.

Das letzte Haus wurde erst 1928 errichtet. Dadurch überrascht die Straße heute durch eine Vielzahl von Baustilen, von neubarock über klassizistisch bis zum Jugendstil. Auf Grund des starken Verkehrs fällt es allerdings schwer, die phantasievollen Fassaden gebührend zu bewundern.

Auch der frisch geadelte Emanuel von Seidl, Architekt der Kunstgewerbeausstellung von 1888, konnte hier in der Straße mit der Hausnummer 25 ein Beispiel seiner mittlerweile sachlicheren Architekturvorstellung liefern. (Siehe das vorhergehende Kapitel.)

Widenmayerstraße Haus Nr. 2

Haus Nr. 2

Haus Nr. 38. Inschrift über dem Eingang: *1914 · Dem Herde zum Schutz · Dem Wetter zum Trutz · Mich gebar: das Eiserne Jahr · 1914* (Hinweis auf den Kriegsbeginn)

Haus Nr. 3

Ausschnitt aus der Fassade von Haus Nr. 25: Erbaut 1911 von Emanuel von Seidl im klassizistischen Jugendstil. Es wird heute u.a. vom Konsulat der Republik Indonesien genutzt.

Haus Nr. 42

Eines der Häuser spielte auch in Kunst und Politik eine bedeutende Rolle. Durch die Gestaltung seines Eingangsbereichs mit zwei mächtigen Marmorsäulen hebt es sich von der übrigen Bebauung ab. Es handelt sich um das Haus Nummer 18: die so genannte **Hanfstaengl-Villa**.

Das neuklassizistische Gebäude wurde in den Jahren 1825/26 als Firmensitz der Kunsthändler- und Verlegerfamilie Hanfstaengl gebaut, die sich durch Vervielfältigung von Kunst in den jeweils modernsten Techniken einen Namen machte. Mit dem Bau des Hauses, das beliebter Treffpunkt der Münchner Gesellschaft war, wurde 1898 begonnen. U.a. verkehrten hier Richard Strauss und Thomas Mann. Negative Berühmtheit erlangte es und die Familie durch die Begeisterung der Geschwister Erna und Ernst – er besser bekannt als „Putzi" – Hanfstaengl für Adolf Hitler in den zwanziger Jahren. David Clay Large[25] bezeichnet Ernst F. Sedgwick Hanfstaengl als wertvollen Türöffner Hitlers und *„die vielleicht schillerndste Persönlichkeit unter all denen, die dem Naziführer eine helfende großbürgerliche Hand entgegenstreckten."*

25 David Clay Large: Hitlers München. München 1998

Erna war es, die ihn zum Antialkoholiker und Vegetarier machte, Ernst besorgte ihm eine Rotationsmaschine für den Druck des „Völkischen Beobachters", druckte millionenfach Porträts von ihm und seiner Führungsmannschaft. Nach dem gescheiterten Putsch von 1923 versteckte er ihn in seinem Sommerhaus in Uffing.

Als Auslandspressechef der NSDAP verteidigte er Mord und Totschlag der Nazis, distanzierte sich aber später von der Nazi-Führungsriege, musste 1937 ins Ausland fliehen und wurde schließlich sogar Berater von Franklin D. Roosevelt für die psychologische Kriegsführung gegen Deutschland.

1946 kehrte er nach München zurück und starb dort 1975. 1980 wurde der Kunstverlag aufgelöst, da er sich mit seinem aufwendigen und qualitativ höherwertigen Farbenlichtdruck nicht gegen den billigeren Offsetdruck durchsetzen konnte.

Hausnummer 18, die Hanfstaengl-Villa

Doch auch ein unumstrittener Künstler lebte von 1967 bis zu seinem Tod 1994 in der Widenmayerstraße 45: der Schriftsteller Wolfgang Koeppen. Trotz seines Romans „Tauben im Gras", eines Zeitdokuments des Lebens im zerstörten München der unmittelbaren Nachkriegszeit, ist Wolfgang Koeppen heute weitgehend vergessen. Immerhin erinnert eine Gedenktafel an seinem Wohnhaus an ihn.

Wie bei der Steinsdorfstraße versucht man in letzter Zeit auch die Widenmayerstraße stärker an die Isar und die Stadt anzubinden und zu beleben. Zweimal im Jahr findet unmittelbar über der Kaimauer des Flusses, angeregt durch die Bookinisten an der Seine in Paris, ein großer Bücherflohmarkt statt.

Viele Aussteller und Besucher werden bei dieser Gelegenheit vermutlich zum ersten Mal die prächtige Bebauung bewusst wahrnehmen. Das gilt auch für die Zuschauer des Oktoberfest-Festzuges, der sich dort aufstellt, bevor er sich zur Wiesn begibt.

Der Englische Garten und seine Gewässer

Es erübrigt sich, über eine der größten innerstädtischen Parkanlagen weltweit viele Worte zu verlieren. Ein Besuch des Parks mit Monopteros, Chinesischem Turm und Kleinhesseloher See gehört neben dem Marienplatz und dem Hofbräuhaus zum touristischen Pflichtprogramm. In prüderen Zeiten waren es vor allem die Nackerten (hochdeutsch: Nackten) am Schwabinger Bach, die ganzen Busbesatzungen aus der Provinz als Sensation vorgeführt wurden. (In letzter Zeit hat sich die Nacktbadeszene zunehmend auf die Kiesbänke am Flaucher verlagert.)

Heute ist es vielmehr die Brücke über den Eisbach beim Haus der Kunst, an der sich regelmäßig Menschentrauben bilden, um die akrobatischen Künste der Surfer zu bewundern.

Geradezu zum Münchner Lebensgefühl gehört es, an einem sonnigen Wochenende, möglichst noch bei Eis und Schnee, mit einem Weißbier oder einem Glas Prosecco am Ufer des Kleinhesseloher Sees beim dortigen Seehaus zu sitzen oder beim Chinesischen Turm die erste Mass des neuen Jahres zu genießen.

Mit dem Eisbach, dem Schwabinger Bach und dem Kleinhesseloher See, nimmt man noch den Oberstjägermeisterbach hinzu, sind bereits die wichtigsten Gewässer des Englischen Gartens

Hier treffen Schwabinger Bach und Eisbach aufeinander.

genannt. Sie waren schon 1792 für Ludwig von Skell wesentliche Gestaltungselemente seines geplanten Volksgartens. Hierzu war es aber nötig, das Gelände vor einem mäandrierenden Seitenarm der Isar zu schützen. Nach langwierigen Streitigkeiten zwischen dem Kurfürsten und Freising kam es nach einem verheerenden Hochwasser 1789 durch Adrian von Riedl zu einem Dammbau, der das Gelände des Englischen Gartens mit seinen angelegten Bachläufen vor der Isar schützte, so dass sich das Gewässernetz bis heute in seinen Grundzügen erhalten konnte.

Ein Teil des Wassers für die Gewässer des Englischen Gartens hat als Westlicher Stadtgrabenbach unterirdisch die halbe Altstadt umrundet, bevor er als Köglmühlbach bei der Staatskanzlei wieder zutage tritt und als Schwabinger Bach zum Englischen Garten fließt. (Siehe auch das Kapitel über die Stadtbäche.)

Für den Eisbach musste man nach Stillegung des Pesenbachs, der die so genannten Äußeren Stadtbäche versorgte, einen neuen Zulauf aus der Isar schaffen. Dieser befindet sich unmittelbar nach der Mariannenbrücke an der Großen Isar und fließt im überwölbten Bachbett der ehemaligen Stadtbäche Fabrikbach, Stadtmühlbach und Stadtsägmühlbach.

Bei einem romantischen kleinen Wasserfall treffen sich der Eisbach, der hundert Meter vorher bei der Surferwelle neben dem Haus der Kunst unter der Prinzregentenstraße hervorschießt, und der Schwabinger Bach, der von der Staatskanzlei kommt.

Der wasserreichere **Eisbach** biegt vor dem genannten Wasserfall nach rechts ab und bildet später die östliche Begrenzung des Englischen Gartens. Nach wenigen hundert Metern durchfließt er das Gelände des ehemaligen Dianabades und nach der Bogenhauser Brücke den Tivoli[26], wo sich seit 1830 die Gartenwirtschaft „Zum Tivoli" mit einem Eislaufplatz und Schwimmbad befand.

Als 1839 auf dem Gelände die Ludwigs-Walzmühle errichtet wurde, blieb die Gaststätte zunächst bis 1923 bestehen. 1872/73 wurde aus der Ludwigs-Walzmühle die „Kunstmühle Tivoli". Sie war beinahe 100 Jahre, bis 1969, in Betrieb, als sie abgebrochen wurde. Heute befinden sich auf dem Gelände des Tucherparks Hotel- und Versicherungsbauten.

Kurz nachdem der Bach den Isarring unterquert hat, fließt er in den eingezäunten Bereich des so genannten Tivoli-Kraftwerks, Relikt des einst ausgedehnten Industriegeländes um die Lokomotivenfabrik Maffei, die 1838 von Joseph Anton Maffei als „Eisenwerk Hirschau" gegründet und bis zum Umzug nach Allach in den zwanziger Jahren betrieben wurde.

1948 wurde das Kraftwerk von der Tivoli-Kunstmühle AG wieder in Betrieb genommen, die den erzeugten Strom für den Betrieb der etwa 1.000 Meter südlich gelegenen Getreidemühle nutzte. Seitdem trägt es auch den Namen Tivoli-Kraftwerk. Heute wird der Strom ins öffentliche Netz eingespeist.

Nach gut hundert Metern erreicht der Eisbach anschließend, tief eingeschnitten und kaum zugänglich, nach einer Fließstrecke von 2,7 Kilometern die Isar. Während er früher weitgehend von Industrie geprägt war,

Eislaufplatz vor der Gaststätte Tivoli, 1909

Eisenwerk und Maschinenfabrik Maffei 1919

26 Bezeichnung für Vergnügungsparks, angelehnt an den Tivoli in den Sabinerbergen bei Rom.

dient er heute in erster Linie Freizeitaktivitäten. Das gilt nicht nur für die beiden Surferwellen. Einige Abschnitte, wie z. B. hinter dem Haus der Kunst und vor dem Tivoli-Kraftwerk haben sich in den letzten Jahren immer mehr zu Badestränden entwickelt.

Anders als der weitgehend kanalisierte Eisbach gleicht der **Schwabinger Bach** einem natürlichen Wiesenbach, fließt mit grünen Uferbereichen durch die Schönfeldwiese unterhalb des Monopteros und ist im Sommer dicht umlagert. In den 1970er und 1980er Jahren war dieser erste Nacktbadestrand Münchens noch eine Touristenattraktion, heute erfreut man sich eher an den schönen Ausblicken auf das jüngst restaurierte Monopteros-Tempelchen auf einem Hügel und die Stadtsilhouette mit der südländisch wirkenden Ludwigskirche.

Nach der Schönfeldwiese bildet der Bach den westlichen Abschluss des Englischen Gartens

Mündung des Eisbachs in die Isar. Im Hintergrund das Oberföhringer Stauwehr

Am Kleinhesseloher See. Im Hintergrund das Seehaus

Badestrand an der Schönfeldwiese

Der Aumeister um 1910

und grenzt an Gärten und Wohnhäuser der Mandlstraße. Er unterquert den Mittleren Ring, der den Englischen Garten sehr unsensibel von seinem nördlichen Teil trennt, der auch als Hirschau bezeichnet wird.[27] Der Bach bildet auch weiterhin die östliche Begrenzung Schwabings.

Der dritte größere Bach im Englischen Garten ist der **Oberstjägermeisterbach**, der kurz nach dem Wasserfall vom Eisbach abzweigt und mit einem naturnahen Verlauf etwa in der Mitte des Parks von Süden nach Norden fließt.

Er speist auch den 1803 angelegten Kleinhesseloher See. Der wurde mit drei kleinen Inseln zwischen 1807 und 1812 auf das Doppelte vergrößert. 1882 baute Gabriel von Seidel am nördlichen Ufer ein Bootshaus mit Speisewirtschaft, das 1935 durch ein neues Gebäude mit einer Terrasse ersetzt wurde. Diese beliebte Ausflugsgaststätte wurde 1970 erneut abgerissen und durch ein Provisorium ersetzt. Erst 1985 kam es zum Bau des gegenwärtigen Seehauses mit einem Bootsverleih daneben.

Nach dem See unterquert auch der Oberstjägermeisterbach den Mittleren Ring und fließt in der Mitte des Parks auf die Gartenwirtschaft Aumeister zu. Unterwegs umfließt er mit zwei Armen eine Vogelschutzinsel und bildet kurz vor dem Aumeister mit drei kleinen Weihern einen Biotopbereich.

Dort, wo heute der Aumeister steht, befand sich ursprünglich der Dienstsitz eines Aujägermeisters, zu dessen Aufgaben neben der Hege des Wildes auch die Bewirtung der Teilnehmer bei den Hofjagden gehörte. Daraus entwickelte sich im Laufe der Zeit eine Gastwirtschaft.

Hier vereinigen sich Oberstjägermeisterbach und Schwabinger Bach und fließen als Schwabinger Altbach durch eine weitgehend unberührte Auenlandschaft nach Nordosten.

Der Spaziergänger im Englischen Garten wird manchmal verwirrt sein, an welchem Bach er sich gerade befindet, zumal es auch mehrere kleinere Verbindungen zwischen den großen Bächen und Ableitungen in die Isar gibt. Sollte er einmal ganz die Orientierung verlieren, weist ihm sicher einer der zahlreichen ausgehängten Pläne den Weg zur nächsten U-Bahn-Station an der Universität, an der Münchner Freiheit oder bei der Studentenstadt Freimann.

Und wo bleibt eigentlich die Isar? Wie schon erwähnt, galt es zunächst, den Park vor dem Hochwasser der Isar zu schützen. Sie spielt also für die Gestaltung des Parks keine Rolle. Das könnte sich aber bei künftigen Renaturierungsmaßnahmen ändern.

27 Die 2010 gegründete Initiative *Ein Englischer Garten* setzte sich dafür ein, einen 330 m langen Abschnitt dieser Autobahn in einen Tunnel zuverlegen, um die beiden Teile des Gartens wieder organisch miteinander zu verbinden. Ihre Mühe war nicht vergebens, denn im Juni 2017 beschloss der Stadtrat die Verwirklichung dieses Projekts.

Die Gewässer der oberen und mittleren Isarauen zwischen Herzog-Heinrich-Brücke und Garching

Hinter der beliebten Ausflugsgaststätte Aumeister in Freimann findet der nördliche Englische Garten, die Hirschau, durch den Föhringer Ring und die Herzog-Heinrich-Brücke von 1960 ein natürliches Ende. Hier kommt es auch zu neuen Bezeichnungen der Bäche.

Der Oberstjägermeisterbach und Schwabinger Bach fließen gemeinsam mit der neuen Bezeichnung Oberer Schwabinger Altbach weiter in Richtung Nordosten.

Die gerade Fortsetzung des Schwabinger Bachs, westlich davon, bildet der Mühlbach, der seit 1895 eine Mühle antrieb und auf deren Gelände seit 1932 das öffentliche Naturbad Floriansmühle mit Wasser versorgte. Seit der Schließung des Bades 1994 liegt das Gelände brach. Die Erinnerung an das beliebte Bad aber lebt weiter.

Die Bäche fließen jetzt nicht mehr durch einen Park, sondern durch ein weitgehend bebautes Gebiet des Stadtteils Freimann, bekannt durch die Studentenstadt, den Sitz des Bayerischen Fernsehens und zunehmend auch

Altwasser am Schwabinger Bach

„Bachkreuzung"

Biergarten im Garchinger Mühlenpark

durch Münchens renommiertestes Privattheater in einem ehemaligen Kino, das Metropol.

Nach Freimann entfernt sich die Bebauung von der Isar, so dass zwischen ihr und der Freisinger Landstraße Platz für einen breiten Auwaldgürtel ist. Natürlich ist das kein richtiger Auwald mit alljährlichen Überflutungen. Dazu fließt die begradigte Isar viel zu tief unter dem Geländeniveau.

Einen kleinen Ausgleich schaffen aber die Bäche aus dem Englischen Garten mit ihren Altwässern.

Ist man auf dem Isarradweg mit dem Fahrrad oder auch zu Fuß unterwegs, so gelangt man bald auf einem tiefen Geländeeinschnitt, der von der Freisinger Landstraße auf die Isar zuführt. Er dient dem Notauslass des Klärwerks Großlappen. Ihn gilt es zu umfahren, wenn man seinen Weg nach Nordosten fortsetzen will. Folgt man jedoch dem Notauslass ein Stückchen weiter, gelangt man zu einer verwirrenden Schleusenanlage. Hier kommt es abermals zu einer Neuverteilung der Gewässer.

Dem Isarwasser von Schwabinger Bach und Mühlbach wird jetzt geklärtes Abwasser untergemischt. Der (Floriansmühl-) Mühlbach wird zum Garchinger Mühlbach, benannt nach der ehemaligen Garchinger Mühle.

Aus dem Oberen wird der Untere Schwabinger Bach, und als drittes Gewässer nimmt hier der Schleißheimer Kanal seinen Anfang. (Siehe das Kapitel „Die Schlosskanäle von Nymphenburg und Schleißheim".) Unterer Schwabinger Altbach und Garchinger Mühlbach münden bei Garching in die Isar.

Lediglich zwischen dem Schleißheimer Kanal und dem Garchinger Mühlbach hat sich an der Freisinger Landstraße die so genannte Auensiedlung „eingenistet". 1948 als wilde Siedlung entstanden, wurde sie 1953 legitimiert. Auf den Besucher macht sie mit einem weitgehend unzugänglichen See in der Mitte und ohne öffentliche Einrichtungen einen sehr privaten und befremdlichen Eindruck. Das liegt nicht nur an einer großen Moschee mit Islamischem Zentrum, das seit 1973 an ihrem südlichen Rand existiert.

Wer sich also auf einer Radtour stärken oder seinen Durst löschen will, der muss noch ein paar Kilometer weiter bis Garching fahren. Dort stößt er ganz überraschend im Garchinger Mühlenpark zwischen Gärtnereien auf einen Biergarten wie aus vergangenen Zeiten.

Rechts der Isar von Grünwald bis Ismaning

Grünwald vor den Toren Münchens

Suchen Sie eine Immobilie in Grünwald? Kein Problem! Vorausgesetzt, Sie haben das nötige Kleingeld.

Sie haben die Wahl zwischen einem gewöhnlichen Wohnhaus für eine Million oder einer Neubauvilla für 7,9 Millionen Euro[28].

Oder Sie überlegen sich gleich, ob Sie sich nicht lieber, wie so mancher Fußballprominente, am Tegernsee oder Starnberger See einkaufen möchten.

Die Attraktivität Grünwalds scheint gegenüber den Seegemeinden abzunehmen. Aber noch immer ist die selbständige Ortschaft vor den Toren Münchens seit 1994 ununterbrochen Deutschlands reichste Gemeinde.

Dabei war Grünwald noch Anfang des 20. Jahrhunderts ein Bauerndorf mit 465 Einwohnern. Über den Fluss führte eine einfache Personenfähre.

Erst durch die 1904 eingeweihte Isarbrücke und die Trambahnverbindung nach München begann ein ständiges Wachstum auf heute über 11.000 Einwohner.

Das Wahrzeichen der Gemeinde ist die Burg, deren Ursprung auf einen Klostermeierhof zurückgeht, aus dem ein Jagdschloss der bayerischen Herzöge entstand.

Ab dem Ende des 17. Jahrhunderts wurden immer größere Teile des Schlosses als Staatsgefängnis und Pulvermagazin genützt. Im 17. und 18. Jahrhundert mussten große Teile der Burg abgebrochen werden, da die Isar den Burgberg unterspült hatte.

Ab 1872 stand die Burg leer und ging 1879 in nichtadeligen Privatbesitz über. 1911 brannte sie aus und wurde anschließend wieder notdürftig bewohnbar gemacht.

Im 2. Weltkrieg hielt sich Karl Valentin wiederholt in der Burg auf und ließ sich hier zu seiner Ballade „Die alten Rittersleut" inspirieren. Schließlich erwarb um 1970 ein Münchner Bauträger die Anlage und plante den weitgehenden Abriss des maroden Baudenkmals und stattdessen die Errichtung einer Luxuswohnanlage.

Dank einer Bürgerinitiative erwarb schließlich 1976 der Freistaat Bayern die Burg und renovierte sie schrittweise.

Seit 1979 ist hier das Burgmuseum Grünwald, ein Zweigmuseum der Archäologischen Staatssammlung, untergebracht. Im Ostflügel befinden sich ein Café, ein Museumsshop und Räumlichkeiten des MPZ (Museumspädagogisches Zentrum).

Die Fähre über die Isar um 1900

28 Stand: Februar 2017

Grünwalder Brücke mit
Zollhaus und Blick auf die Burg.
Postkarte um 1904

Abgesehen von der Burg hat der Ort mit ausgesprochenem Gartenstadtcharakter für Besucher wenig zu bieten.

Einzig die Bavaria Filmstudios im Ortsteil Geiselgasteig sind Anziehungspunkt für Schulklassen aus ganz Bayern.

Die Grünwalder Isarbrücke heute

Ein Ausflug nach Grünwald

Da man auf den Rad- und Fußwegen zwischen München und Grünwald, sei es im Isartal oder auf dem Hochufer, stets sozusagen Blickkontakt zum Fluss hat, genügen hier ein paar kurze Hinweise:

Die Tour auf dem Hochufer beginnt man am besten auf dem Giesinger Berg. Hinter der neuen Giesinger Brauerei mit einem beliebten Bräustüberl beginnt ein Rad-/Fußweg, der einen, immer so nah wie möglich an der Hangkante, vorbei am Sechziger Stadion, über Harlaching und den Biergarten der Menterschwaige zielsicher zur Burg von Grünwald führt. Auf dem Weg wird man durch schöne Ausblicke auf das Isartal belohnt.

Die beiden anderen Routen beginnt man am besten an der Tierparkbrücke, indem man neben dem Tierpark dem Schlichtweg folgt, der bei der Marienklause zu einem Rad-/Fußweg wird.

Nun steht uns eine abwechslungsreiche Berg- und Talfahrt bevor, auf der wir schließlich die Grünwalder Brücke erreichen. Da linkerhand am steilen Hochufer imposante, teilweise instabile Nagelfluh-Formationen aufragen, ist der Weg zeitweise wegen Steinschlaggefahr gesperrt.

In diesem Fall überquert man an der Marienklause Isar und Kanal und bleibt immer so nah wie möglich an diesem. Über Hinterbrühl und Großhesselohe folgt man dem Isarradweg bis zur Grünwalder Brücke. Die einfache Strecke beträgt rund 8 Kilometer.

Für Spaziergänger bietet sich eine Fahrt mit der Trambahnlinie 25 nach Grünwald an. Von der Endstation erreicht man in wenigen Schritten die Burg. Für den Heimweg kann man sich für den Weg an der Hangkante oder im Flusstal – am rechten Isar- oder am linken Werkkanalufer entscheiden. Im Biergarten des Brückenwirts in Höllriegelskreuth (Ortsteil von Pullach) unter der Grünwalder Brücke besteht beim „Brückenwirt" die Möglichkeit zu einer Einkehr, bevor man sich auf den Weg zurück in die Stadt macht.

Die Menterschwaige – angebliches „Liebesnest" von König Ludwig I.

„Nachdem Lola Montez von der eifersüchtigen Königin Theresia vom Hofe vertrieben wurde, versteckte König Ludwig die feurige Tänzerin im Nebenhäuschen der Menterschwaige, um sich dort mit ihr zum nächtlichen Stelldichein zu treffen", so kann man auf der Website der Gastwirtschaft Menterschwaige lesen. Diese Schilderung beruht erwiesenermaßen auf einer nicht auszurottenden Legende, wie ja in der ganzen Lola-Montez-Affäre Dichtung und Wahrheit eng vermischt sind.

Fest steht jedenfalls, dass die Liebesaffäre des 60-jährigen Königs mit der jungen Tänzerin zwischen 1846 und 1848 die Gemüter der Münchner Bürger heftig erregte, vor allem wegen der Geldverschwendung, zu der sie den König anstiftete. Als er sie gar zur Gräfin von Landsfeld adelte und sie sich immer mehr in die Politik einmischte, war das Maß voll, der König musste abdanken und seine Geliebte vor der aufgebrachten Bevölkerung aus der Stadt fliehen. Aber diese Geschichte gehört in München zum Allgemeinwissen...

Die Gastwirtschaft am Hochufer der Isar mit dem beliebten Biergarten hat eine lange Vorgeschichte: Einst befand sich hier eine Ortschaft namens Harthausen, die bereits 1012 urkundlich erwähnt wird. Zu ihr gehörte seit 1198 eine kleine Kirche der Hl. Margaretha, ähnlich der Schwesterkirche St. Anna von Harlaching. Sie wurde 1804 im Rahmen der Säkularisation abgebrochen.

Diese Siedlung wurde 1632 mitsamt einem kleinen Landsitz der Wittelsbacher von den Schweden zerstört. 1660 ließ Graf Maximilian von Kurz auf dem Gelände, das ihm vom Kurfürsten Ferdinand Maria geschenkt wurde, einen als „Mitter Schwaig" bezeichneten Schwaighof aufbauen, der 100 Jahre zur Hofmark Harlaching gehörte. Gegen Ende des 18. Jahrhunderts erwarb der Graf Marquart von Kreith Harthausen, und es wurde Bestandteil seines Edelsitzes Marquartskreith.

Links das Lola-Montez- oder Schweizerhaus, das angebliche „Liebesnest", rechts ein Gebäudeteil der Menterschwaige

Kurz darauf wurde der ehemalige Wittelsbachische Jagdsitz unter dem Namen Nockherschwaige zum Nockherschen Familiensitz[29]. Eine 1803 eröffnete Gastwirtschaft verkaufte der Bankier Nockher 1807 an den Johann Peter Gaigl, der bereits in

29 Aus Tirol stammende Familie, die es im 18. Jahrh. mit Handel und Geldverleih in München zu Reichtum und Ansehen brachte.

An der Hochleite

der Altstadt in der Rosengasse 12 den Gasthof mit Brauerei „Menterbräu" betrieb. Der baute das nun wieder als Schwaig Harthausen bezeichnete Gut zur Gastwirtschaft „Menterschwaige" um.

Die Menterschwaige 1895

Die Lokalität wurde wegen ihrer reizvollen Lage auf dem Hochufer mit Blick auf den Fluss und die Alpen zu einem viel besuchten Ziel für Landpartien aus der Stadt. Auch längere Aufenthalte in der Sommerfrische waren beliebt. Von besonderer Bedeutung waren die jährlichen Künstlerfeste, die König Ludwig I. in der Menterschwaige ausrichtete.

Das Gut muss dann mehrmals den Eigentümer gewechselt haben. Einer davon ist auf dem kleinen Friedhof von St. Anna in Harlaching begraben. Auf seinem Grabstein steht: *„Kaspar Zörnlein, Gutsbesitzer der Schwaige Harthausen, genannt Nocker oder Menterschwaige, geboren den 28. Februar 1799, gestorben den 31 Januar 1855."* Spätere Eigentümer verkauften 1896 den Gasthof und den dazu gehörigen Grundbesitz von 52 Hektar für 450.000 Mark an die Baufirma Heilmann & Littmann, die das Gasthaus mit vier Hektar Grund 1898 an die Aktiengesellschaft Bürgerliches Bräuhaus München weiter veräußerte.

Die Brauerei riss die landwirtschaftlichen Nebengebäude ab und baute die Anlage so um, wie sie sich heute noch teilweise darstellt.

Die Menterschwaige, wie sie kurz genannt wird, ist vor allem durch ihren schattigen Biergarten mit etwa 2000 Plätzen bekannt, hat aber auch ein Restaurant mit verschiedenen Räumlichkeiten für Festivitäten aller Art zu bieten. Biergarten und Restaurant liegen direkt an der Hochleite, einem Rad-/Fußweg über dem Isartal.

Dieser schattige Weg, auf dem man die Lokalität zu Fuß vom Harlachinger Berg beim St.-Anna-Kircherl über dem Tierparkgelände in gut einer Stunde erreicht, ist eine angenehme Alternative, wenn an schönen Sommerwochenenden auf dem Isarradweg im Tal Hochbetrieb herrscht.

Am schnellsten erreicht man die Menterschwaige von der gleichnamigen Haltestelle der Trambahnlinien 15 und 25.

Die Menterschwaige 1908 nach dem Umbau.
Schade, dass es den Pavillonbau über dem Hochufer nicht mehr gibt.

Die Marienklause und ein Steg mit Aussichtskanzel

Bevor der Schleusenwärter Achleitner hier 1866 eine Kapelle errichten konnte, mussten umfangreiche Hangsicherungsarbeiten im porösen Nagelfluhgestein durchgeführt werden. Der in den Felsen gehauene Fußweg, der noch heute von dort zur Hochleite emporführt, legt Zeugnis davon ab. *„In der unterhalb der Kapelle liegenden Grotte befand sich eine Quelle, die bald in den Ruf eines Wunderbrünnleins kam. Kapelle und Grotte wurden deshalb zu einem Wallfahrtsort mit zahlreichen Votivtafeln, wie die Gemeindezeitung 1912 zu berichten wusste"*, schreibt Christine Rädlinger in ihrem Standardwerk zur „Geschichte der Isar in München". Den zahlreichen Votivtafeln erging es wohl ähnlich wie unzähligen anderen in Bayerischen Kirchen und Kapellen: Sie fanden den Weg über den „Kunsthandel" in so manche städtische „Bauernstube".

1867 schreibt der Münchener Tages-Anzeiger, dass *„durch die Bietät eines wackeren Mannes den Touristen eine Überraschung bereitet ist, wie man sie nicht schöner und sinniger erwarten kann. Da wo der Weg zwischen Harlaching und der Menterschwaige vom Isarufer hinauf auf die Höhe führt, nahe bei seinem Anwesen hat der Wasseraufseher Achleitner eine Marienklause nebst einem Kreuzweg errichtet; daneben spendet die Jakobsquelle labenden Trunk, zierliche Bänke und Tische aus Naturholz laden unterm Laubgrün zur erquickenden Rast ein…"*

Die Marienklausenkapelle

Marienklausengrotte

Dort, wo früher ein Isararm, der heutige Auer Mühlbach, abzweigte, wurde schon im 14. Jahrhundert ein Wehr angebracht, das ihn zu einem regulierbaren Mühlbach machte. Bei den Flößern war dieses Auer Wehr nicht zu Unrecht gefürchtet, wie ein Unfall im Jahr 1815 beweist, bei dem das Floß der Brüder Achleitner am Schleusensteg zerschellte und sich die beiden nur mit Mühe retten konnten.

Ihr Gelübde, der Heiligen Jungfrau zum Dank eine Kapelle zu errichten, erfüllte erst 50 Jahre später der Sohn eines der Flößer. Die Kapelle aus Fichten- und Birkenholz steht auf einem Sockel aus Nagelfluhgestein und ist in den Hang hinein gebaut.

Direkt am Isar-Radweg, neben der Einlassschleuse des Auer Mühlbachs, steht noch heute das ehemalige Schleusenwärterhaus. Das einst der Auer Wassergenossenschaft gehörende Häuschen war seit 1909 im Besitz der Abteilung für Wasser- und Brückenbau der Stadt München. Heute wird es als Dienstwohnung für den Tierpark Hellabrunn genutzt. Auf dem relativ großen Grundstück befindet sich ein städtisches Steinelager.

Vom Schleusenwärterhaus führt ein Kreuzweg direkt auf die Marienklause mit der Brunnengrotte darunter zu.

Hier, am südlichen Ende des Tierparks, kann man die Isar auf dem Marienklausensteg überqueren.

Diese 129 Meter lange Fußgänger- und Radfahrerbrücke entstand 1919/20 als Holzkonstruktion und wurde nach starken Beschädigungen durch Hochwasser 1997 mit einem Unterbau aus Betonpfeilern und Stahlstreben neu errichtet. Eine Attraktion ist die frei in den Fluss ragende Aussichtskanzel.

Die dortige Staustufe, die früher für die Ableitung des Auer Mühlbachs nötig war, überwinden die Flöße auf einer Rutsche.

Besuch im Tierpark

Das Aufsuchen der Marienklause lässt sich gut mit einem Tierparkbesuch verbinden. (Näheres zum Tierpark im Kapitel „Hellabrunn – Tierpark in den Isarauen".) Neben dessen isarnahem Haupteingang führt der Schlichtweg, ein Fußgänger- und Radweg, nach einem knappen Kilometer zur Marienklause. Nebenbei kann man von hier aus ohne Eintritt auch einige Zootiere beobachten. Eine schöne Sicht auf die renaturierte Isar hat man vom parallel verlaufenden Isardamm. Überquert man Isar und Werkkanal auf dem Marienklausensteg, gelangt man unmittelbar zur Floßlände, wo man im Sommer ab etwa 15 Uhr dem Spektakel der Ankunft der „Gaudiflöße" zusehen kann.

Der Marienklausensteg mit der begehbaren „Aussichtskanzel"

Harlaching – Wallfahrt und Einkehr

Vom alten Harlaching sind nur noch zwei Gebäude erhalten, eine Kirche und ein Wirtshaus: das schmucke Wallfahrtskirchlein St. Anna, hinter Bäumen verborgen und leicht zu übersehen, wenn man den steilen Berg zum Tierpark hinunterfährt, und die „Harlachinger Einkehr", ein Wirtshaus mit einem beliebten Biergarten.

Die Kirche, die auf das 12. Jahrhundert zurückgeht, wurde im Dreißigjährigen Krieg schwer beschädigt und zwischen 1753 und 1761 im Stil des Rokoko umgebaut. Der gotische Turm und die Fassade blieben jedoch weitgehend erhalten. Das von einem kleinen aufgelassenen Friedhof mit alten schmiedeeisernen Grabkreuzen umgebene Ensemble bildete im 18. Jahrhundert eine Einheit mit dem vermutlich Anfang des Jahrhunderts errichteten (neuen) Schloss Harlaching, das 1796 abbrannte, wobei die Kirche wie durch ein Wunder verschont blieb. Sie überstand auch den Zweiten Weltkrieg, wurde allerdings durch Brandbomben schwer beschädigt. Nach Restaurierungen Ende der fünfziger Jahre und erneut 1973 erfolgte in den letzten Jahren eine grundlegende Sanierung, so dass das Kirchlein heute in altem Glanz erstrahlt.

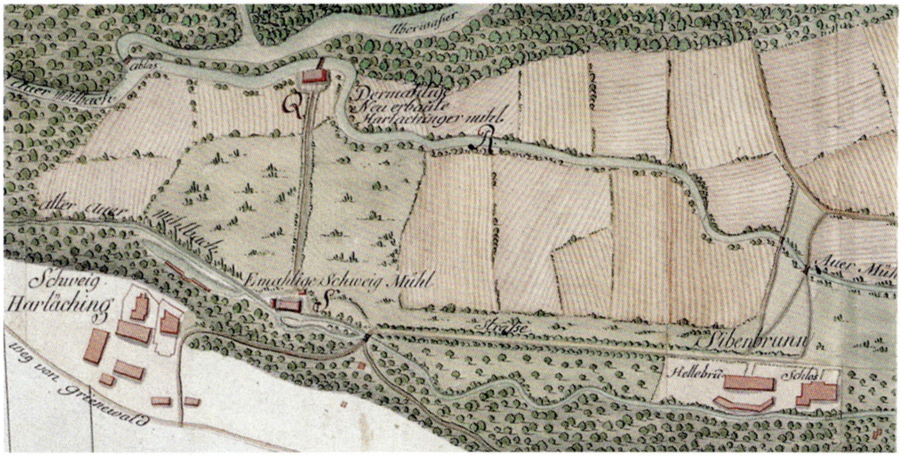

Zwischen Harlaching und Siebenbrunn (Aus einem Plan von Adrian von Riedl 1802)

Plan des Geometers Matthias Paur von 1700

St.-Anna-Kircherl

Schloss Harlaching 1790 (Georg von Dillis)

Auf dem Vorplatz befindet sich seit 1865 auf Veranlassung des schon Jahre vorher abgedankten Königs Ludwig I. ein Denkmal für den französischen Landschaftsmaler Claude Lorrain (1600-1682).

Die Inschrift, wonach er *„geraume Zeit in dem hier gestandenen Schlösschen"* gewohnt haben soll, gehört allerdings ins Reich der Legende. Wie Dorle Gribl in ihrem Buch „Harlaching und die Menterschwaige" überzeugend nachweist, beruht dieser immer wieder romantisch ausgeschmückte Aufenthalt auf einer Namensverwechslung.

Ins Reich der Legende verweist sie ebenfalls einen in der Literatur gerühmten prächtigen Harlachinger Schlossgarten, der sich den steilen Hang hinunter erstreckt haben soll. Nachzuweisen ist lediglich ein barocker Parterregarten am Hangfuß, der zu einem eher bescheidenen Schloss neben der Kirche auf dem Hochufer gehörte.

Der Plan von 1700 zeigt anschaulich die damalige Situation: auf der Anhöhe die Ortschaft Harlaching mit Kirche, Schloss und einigen weiteren Häusern, in der Flussniederung zwischen zwei Armen des Harlachinger bzw. Auer Mühlbachs eine quadratische Parkanlage und links daneben eine vom Wasser gefallene Mühle, die Schweigmühle. „Vom Wasser gefallen" deshalb, weil der Bach, der ursprünglich direkt unter dem Hochufer floss, durch einen neu gegrabenen Bachverlauf weiter westlich ersetzt wurde. (Siehe auch den Plan von 1802 auf der Vorseite.)

Das auf dem Bild links an der Hangkante vor der Kirche stehende repräsentative Schloss entstand wohl erst im Laufe des 18. Jahrhunderts und brannte 1796 ab.

Berühmtheit erlangten Harlaching und das Kirchlein Anfang des 18. Jahrhunderts durch den so genannten „Anna-Dreißiger", einen Ablass, den man in verschiedenen Varianten durch Gebete und Wohltätigkeit erlangen konnte.

Der „Königlich bayerische Hofbanquier" Josef Freiherr von Hirsch, seit 1857 Besitzer von Harlaching, das nur aus ein paar Häusern bestand, erkannte die Gunst der Situation: Zu einer bayerischen Wallfahrt gehört ein ordentliches Wirtshaus!

Nun gab es zwar schon vorher ein bescheidenes Gasthaus ganz in der Nähe, das aber seinen Ansprüchen nicht genügte. Also ließ er 1858 die „Restauration Harlaching" mit einem großen Gastgarten errichten, die 1896 vom „Bürgerlichen Bräuhaus" erworben wurde. Vor allem zu Zeiten des Ablasses strömten die Münchner hierher, vor die Tore der Stadt.

Der Heimatschriftsteller Josef Benno Sailer trifft jedoch wohl den Nagel auf den Kopf, wenn er davon ausgeht, dass einige der Gläubigen schon in der Kirche sehnsüchtig auf den Besuch der Gastwirtschaft warteten, andere erst gar nicht den Umweg über die Kirche machten.

1923 erwarb die Löwenbrauerei die Gaststätte, die im Zweiten Weltkrieg durch eine Brandbombe schwer beschädigt wurde. Die Reparaturen zogen sich über viele Jahre hin, und die Gaststätte führte unter häufig wechselnden Pächtern ein Schattendasein. In den Nebengebäuden befanden sich seit 1977 Stallungen des Reitvereins Harlaching.

2007 sanierte ein neuer Eigentümer das gesamte Gebäude. Heute hat die „Harlachinger Einkehr" wieder Anschluss an ihre besten Zeiten gefunden. Unter Kastanien wird im Biergarten Augustiner-Bier ausgeschenkt, das man sich auch im Selbstbedienungsbereich holen kann.

Wirtshaus und Kirche erreicht man auf einem Spaziergang über dem bewaldeten Hochufer vom Giesinger Berg aus oder von der Haltestelle „Tiroler Platz" der Straßenbahnlinien 15 oder 25.

Die Restauration Harlaching um 1905

Hellabrunn – Tierpark in den Isarauen

Wie zwei Pläne im vorhergehenden Kapitel zeigen, befanden sich auf dem Gelände des Tierparks ursprünglich eine Mühle, die Schweig- oder Harlachinger Mühle, und eine Parkanlage des Schlosses Harlaching auf der Anhöhe.

Die Parkanlage verwilderte, und die Mühle wurde 1902 abgebrochen. Bereits Ende des 19. Jahrhunderts planten verschiedene Unternehmer Fabrikanlagen in dem vom Auer Mühlbach durchflossenen Auengelände, gegen die sich aber erheblicher Widerstand, u.a. des Isartalvereins, formierte.

Um das Gelände von jeglicher Bebauung freizuhalten, kaufte es 1903 schließlich die Stadt München. Zwei Jahre später gründeten namhafte Münchner Honoratioren den Verein „Zoologischer Garten München e.V.".[30] Nachdem verschiedene Standorte für den geplanten Zoo, wie z. B. der Herzogpark, verworfen wurden, entschied man sich 1906 für das heutige Gelände, das dem Verein von der Stadt unentgeltlich zur Verfügung gestellt wurde.

Für den künstlerischen Generalplan gewann man den Architekten Emanuel von Seidl, der sich bereits durch die Planungen der

Plakat 1911 von Ludwig Hohlwein

Kunstgewerbeausstellung 1888 in München und die Gestaltung des Murnauer Parkes für eine derartige Aufgabe qualifiziert hatte. Bereits 1910 begann er den Hang mit seinen Nagelfluh-

30 Ein erster öffentlicher Zoo von 1860 an der Königinstraße am Rand des Englischen Gartens musste nach wenigen Jahren wieder schließen.

felsen und die vom Auer Mühlbach durchflossene Auenlandschaft zu einem naturnahen Gelände umzugestalten.

Eine besondere Rolle spielte dabei das Wasser des Mühlbachs, das in vielen Verzweigungen nicht nur als Lebensraum für Wassertiere, sondern als Begrenzung verschiedener Tiergehege dient. Der Besucher kann so einen barrierefreien Blick auf die Tiere werfen. Eingebettet in das 36 Hektar große Gelände, hat sich auch ein typischer Auwald erhalten, der über einen sehr alten Baumbestand verfügt.

Mit teilweise noch provisorischen Tierhäusern öffnete der Zoo 1911 und wurde schrittweise ausgebaut.

Der gewählte Name „Hellabrunn" für den Tierpark leitet sich übrigens von einem Schlösschen „Hellebrunn" im benachbarten Siebenbrunn her.

Das Gelände des Zoos erstreckt sich heute von der Thalkirchner Brücke isaraufwärts bis zur Marienklause über das gesamte Terrain des Hochwasserbetts vom Steilhang bis zum Isarufer, von dem es nur durch einen Damm mit befestigtem Weg getrennt ist.

Von Emanuel Seidls Gebäuden hat sich nur das orientalisch-barocke Elefantenhaus von 1914 bis in die jüngste Vergangenheit erhalten. Seit 2016 ist es nach einer längeren Umbauphase in alter Schönheit wiedereröffnet.

Die Flamingo-Kolonie auf einer Insel des Auer Mühlbachs

Inflationsbedingt musste der Zoo 1922 schließen. Viele Gebäude verfielen. 1925 begann der Wiederaufbau, und am 23. Mai 1928 wurde der Tierpark unter Direktor Heinz Heck als „Tierpark Hellabrunn Aktiengesellschaft" wiedereröffnet.

Heck griff Ideen des Tierhändlers und Hamburger Zoogründers Carl Hagenbeck auf und konzipierte den Tierpark als ersten Geozoo der Welt, bei dem der Lebensraum der Tierarten nicht systematisch, sondern nach ihrer geographischen Herkunft, also nach Erdteilen, erfolgte.

Schnell erlangte der Tierpark dank des fortschrittlichen Konzeptes und der erfolgreichen Rück- und Neuzüchtungen ausgestorbener Tierarten wie des Tarpan und des dem ausgestorbenen Auerochsen ähnelndem Heckrinds weltweite Bekanntheit und Anerkennung.

Das in den 30er Jahren erbaute Menschenaffenhaus mit Aquarium zählte damals zu den modernsten der Welt.

Im 2. Weltkrieg erlitt der Tierpark schwere Bombenschäden und wird seit 1972 bis heute laufend modernisiert.

Vor allem der seit 2014 neue Direktor ist dabei, das in den Jahren immer mehr verwässerte Geozoo-Prinzip wieder herzustellen, wodurch verschiedene Tiere umziehen müssen. Das stößt nicht bei allen Freunden des Tierparks auf Verständnis.

Von Thalkirchen kommend, passiert man die Thalkirchner Brücke, einen originellen Neubau von 1991. Eine Vorgängerbrücke stand hier schon seit 1903/1904.

Informationen

Der Tierpark ist mit öffentlichen Verkehrsmitteln gut zu erreichen – entweder vom U-Bahnhof Thalkirchen der U6 oder auf einer reizvollen Strecke durch die Stadtteile Au und Untergiesing mit der Buslinie 52. Der 52er fährt vom Rosental in der Innenstadt – euphemistisch als „Marienplatz Süd" bezeichnet – zum Tierpark (Alemannenstraße). Vom Hauptbahnhof aus ist der Tierpark gut mit der Buslinie X98 erreichbar.

Noch schöner ist es, ihn mit dem Fahrrad auf dem Isarradweg anzusteuern. Das erfordert kein besonderes Orientierungsvermögen, wenn man sich einfach so nah wie möglich am Fluss hält, egal auf welcher Seite.

Neben verschiedenen Angeboten für Kinder, wie einem Streichelzoo und einer Miniatureisenbahn, gibt es auf dem Gelände auch ein Restaurant und mehrere Kioske.

Öffnungszeiten:
April bis September: 8 – 18 Uhr,
Oktober bis März: 9 – 17 Uhr.

Das erneuerte alte Elefantenhaus von Emanuel Seidl auf einem Plakat von 2017

Thalkirchner Brücke

Die südlichen Isarauen rechts der Isar

Bei weitem nicht dieselbe Attraktivität wie die gegenüberliegenden Flaucheranlagen genießt die rechtsseitige Mischung aus Auwald und Park im Stadtteil Untergiesing/Harlaching. Vielfach wird dieser offizielle „Freizeitpark Isarauen" zwischen Tierpark und Braunauer Eisenbahnbrücke auch den Flaucheranlagen zugerechnet.

Eine Bärlauch-Wiese

Dabei hat das durch einen Hochwasserdamm vom Trubel auf den Wiesen des Hochwasserbetts abgeschirmte Gelände durchaus eigenen Charakter und ist nicht nur ein ideales Freizeitgelände. Im Frühjahr ist der Boden des lichten Laubwaldes von Bärlauch bedeckt, dazwischen kleine Lichtungen mit Frühlingsblühern wie Krokus, Märzenbecher, gelbem Winterling und Buschwindröschen.

Herbststimmung am Untergiesinger Entenweiher

Sein Reiz hat aber auch mit einem Bächlein zu tun, das ihn in seiner ganzen Länge in vielen Windungen durchzieht. Es zweigt im Tierparkgelände vom Auer Mühlbach ab und hat den Namen Aubach. Er bietet auch den Kindern von zwei Naturkindergärten gefahrlose Gelegenheit zum Planschen.

Mitten in der Anlage befindet sich ein großzügiger Spielplatz mit einem Trimm-Parcours und Tischtennisplatten, in der Nähe Bahnen zum Sommer-Eisstockschießen.

Die Anlage wird, wie auch der gegenüber liegende Flaucher, durch die Brudermühlbrücke zweigeteilt. Man kann sie entweder auf dem Isardamm oder auf einer Fußgänger- und Radfahrerbrücke überwinden. Auf der anderen Seite weitet sich der Bach bis zur Braunauer Eisenbahnbrücke zu einem zweigeteilten Weiher mit dem prosaischen Namen „Untergiesinger Entenweiher", zwischen dem ein Fuß- und Radweg von der Sachsenstraße zur Isar führt. Die beiden Weiher mit einer Insel sind ein beliebter Nistplatz für verschiedene Wasservögel.

Am Ende des zweiten Weihers fließt der Bach unter dem Bahndamm durch und gelangt auf das Gelände des Rosengartens. Er heißt hier nicht mehr Aubach, sondern Freibadbächl, weil er früher einmal das Schyrenbad mit Wasser versorgte.

Der Untergiesinger Rosengarten und das Schyrenbad

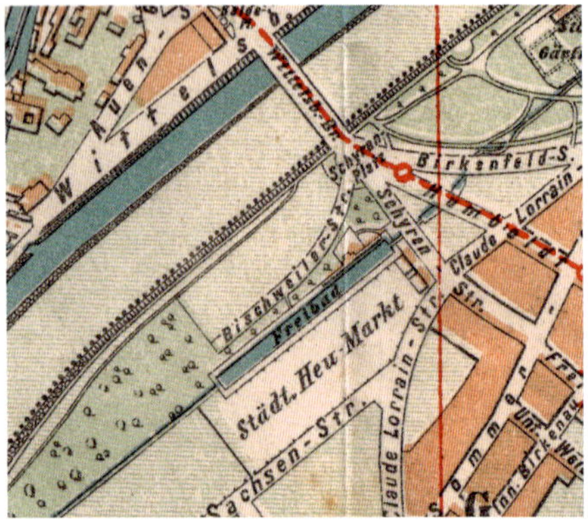

Plan von 1898

Vor Jahren galt der Rosengarten noch als Geheimtipp. Heute muss man bei schönem Wetter froh sein, wenn es einem gelingt, einen der zahlreichen Gartenstühle oder einen Platz auf einer Bank zu ergattern.

Eingeklemmt zwischen Braunauer Eisenbahnbrücke und Schyrenbad[31], gehört diese Mischung aus Park und Nutzgarten zur städtischen Baumschule Bischweiler. Diese wurde 1901 als Teil der Isaranlagen geplant und liegt zwischen dem Isardamm, dem Schyrenbad, der Sachsenstraße und der Bahnlinie zum Ostbahnhof. Sie besteht aus einem öffentlich zugänglichen, weitgehend parkartig gestalteten Teil und der eigentlichen Baumschule, wo Blumen, Ziergehölze und Bäume für die städtischen Grünanlagen kultiviert werden.

31 Der Wortbestandteil „Schyren" ist eine altertümliche Schreibung des Grafengeschlechts von Scheyern.

Der Name geht auf die seit 1877 so genannte, heute nicht mehr existierende Bischweiler Straße zurück[32].

Die Anlage wird vom Freibadbächel durchflossen, das ursprünglich das angrenzende Schyrenbad mit Wasser versorgte. Heute badet man dort natürlich in reinstem Quellwasser.

Der öffentliche Teil wurde in den letzten Jahren durch das Gelände eines ehemaligen städtischen Bauhofs vom Freibadbächel bis zur Sachsenstraße fast verdoppelt. In diese neue Freifläche ist auch ein Acker integriert, den Familien mit Kindern auf kleinen Beeten bewirtschaften können.

Als wesentliches Gestaltungselement wurde dabei das vorher kaum wahrzunehmende Bächlein, das unter dem Bahndamm in die Anlage eintritt und am anderen Ende unter dem Schyrenbad verschwindet, nach dem Vorbild der Isarrenaturierung in die Parkgestaltung einbezogen und ist heute ein beliebter Natur-Spielplatz für die Kleinen. Denen ist sicher nicht bewusst, dass das Bächlein seinen Ursprung im Tierpark hat, wo es als Aubach vom Auer Mühlbach abzweigt, die östlichen Isaranlagen durchfließt, etwa auf halber Strecke zum Freibadbächel wird und schließlich, nachdem es den zweiteiligen Entenweiher gebildet hat, in den Rosengarten eintritt.

32 Der Name leitet sich von der elsässischen Stadt Bischwiller bzw. dem Geschlecht der wittelsbachischen Linie Birkenfeld-Bischweiler her.

Die Hauptattraktion dieses Gartens bilden allerdings 200 Rosensorten, die hier fachmännisch gepflegt und präsentiert werden.

Doch es ist nicht nur die Blütenpracht seiner Rabatten und die abwechslungsreiche Bepflanzung, die immer mehr Besucher anlockt. Es ist diese ganz spezifische Atmosphäre, die manchen Besucher eher zu einem Buch als zu einem Smartphone greifen lässt.

Dabei erfüllt der Garten auch noch einen pädagogischen Auftrag. In einem „Giftpflanzengarten" kann man sich nämlich über einheimische Giftpflanzen informieren, und Blinde können in einem „Tastgarten" Pflanzen unterscheiden lernen.

Ein Besuch im Rosengarten lohnt sich aber nicht nur im Sommer, wobei man allerdings die jahreszeitlich wechselnden Öffnungszeiten beachten muss.

***

Das Gebiet etwas südlich der Wittelsbacherbrücke, da wo sich heute das jüngst völlig neu gestaltete Schyrenbad befindet, hieß noch im 19. Jahrhundert Pfaffengesträuch oder Pfaffenhäuser.

An den dortigen so genannten Lotter´schen Überfällen[33] der Isar zweigte ein Großteil des

33 Der Name kommt von einem Metzger namens Lotter, der dort eine Wiese besaß. Der Zeichner eines Plans von 1826 machte daraus „Lutherische Überfälle". Scherz oder Hörfehler?

Renaturierungsmaßnahmen am Freibadbächel im Herbst 2009

Nicht nur Rosen im Rosengarten

Wassers für den Entenbach[34] ab. Diese Schwachstelle bedeutete eine ständige Hochwasserbedrohung für die Au. Erst mit der zwischen den Städten Au und München heftig umstrittenen Zuschüttung der Überfälle um 1850 war eine dauerhafte Nutzung des Gebietes möglich.

1847 entstand hier, zwischen der heutigen Sportanlage und dem damaligen städtischen Heumarkt, das erste Freibad Münchens, das „Freibad Pfaffenhäuser", das heutige Schyrenbad. Nach einer Generalsanierung vor 10 Jahren ist es heute eines der modernsten Freibäder Münchens. Man erreicht es nach wenigen Metern vom Schyrenplatz an der Wittelsbacherbrücke.

Am südlichen Ende des Bades führt ein Weg in den Rosengarten, den man auch vom Isardamm bei der Braunauer Eisenbahnrücke aus betreten kann.

34 Dieser Bach, der zusätzlich von zwei Quellen gespeist wurde, floss in vielen Windungen durch die Au, wurde ab 1863 schrittweise überwölbt und 1901 aufgelassen. Er lebt aber im Bewusstsein der Auer Bevölkerung als Straße und Name eines Altenheims weiter. Auf einem Plan von 1787 ist er als „Anten oder auer bach" beschriftet.

Der Rosengarten im Herbst

Die Frühlingsanlagen

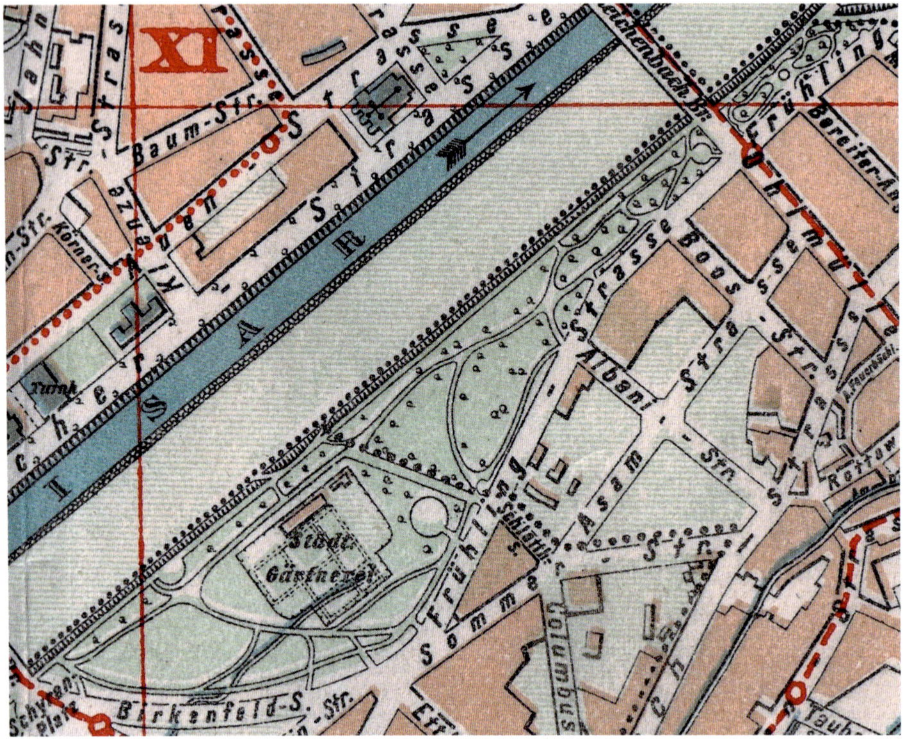

Aus einem Stadtplan von 1891

Frühlingstraße? Frühlingsanlagen? Nie gehört! –

Es handelt sich um den etwa 10 Hektar großen Park zwischen Wittelsbacher- und Corneliusbrücke einerseits sowie Isardamm und den heutigen Straßen Eduard-Schmid-Straße und Claude-Lorrain-Straße andererseits. Er wurde ab 1867 im Zuge der ersten Ausbauphase des rechtsseitigen Isarufers angelegt.

Die heutige Eduard-Schmid-Straße, die die Anlagen begrenzte, erhielt 1873 den Namen Frühlingstraße.

Während die Anlagen die Bezeichnung wenigstens als „Untertitel" beibehalten durften, wurde die Straße nach dem Zweiten Weltkrieg in Eduard-Schmid-Straße umbenannt.

Es war allerdings eine noble und wohlüberlegte Geste, als man 1946 Eduard Schmid gerade mit einer Straße an der Isar ehrte, deren gegenüber liegendes Ufer von seinen vorherigen Amtsinhabern Erhardt, Steinsdorf und Widenmayer geprägt ist. Der 1861 geborene Eduard Schmid war nämlich nicht nur Redakteur der „Münchner Post", sondern auch für die SPD bis zu seinem Tod 1933 im Stadtrat. 1919 wurde er in das Amt des Ersten Bürgermeisters von München gewählt. Mit ihm hatte bis 1924, als er auf Druck der Nazis vom Amt zurücktrat, zum ersten Male ein Sozialdemokrat das höchste Amt der Stadt inne.

***

Von der Humboldtstraße bis zur Stadtgärtnerei schlängelt sich das ansonsten meist unterirdisch fließende Freibadbächl über eine Länge von rund 165 Metern offen durch den Park. Bevor es an der Stadtgärtnerei wieder untertaucht, bildet es eine biotopartige Erweiterung, die im Frühjahr zwischen dem aufsprießenden Schilf von einem Meer von Sumpfdotterblumen bewachsen ist.

Erst an der hohen Kaimauer der Isar, nach der Corneliusbrücke, mündet das Bächlein ganz unauffällig in die Kleine Isar.

***

Nach der Stadtgärtnerei, die bis zum Jahr 2000 Sitz der Stadtgartendirektion war, folgt eine große Liegewiese, die von altem Baumbestand umgeben ist. Für „Kunst im Park" sorgen einige Plastiken, besonders charmant ein bronzenes leichtgeschürztes Mädchen, und an ihrem südlichen Rand, rechts neben der Zufahrt zur Stadtgärtnerei, seit 1904/05 die eher unauffällige Ölberg- oder Frühlingskapelle.

Tümpel des Freibadbächels in den Frühlingsanlagen

Sie wurde von dem Stadtbaurat Hans Grässel entworfen, einem Baumeister, der vor allem durch die Gestaltung von Friedhöfen hervorgetreten ist.

Da die nur durch den Isardamm getrennten Wiesen im Hochwasserbett oft überlaufen sind, werden die Frühlingsanlagen vor allem für Familien mit Kindern und für Familienfeste immer häufiger zu einer Alternative. Dazu tragen auch ein Kinderspielplatz, Tischtennisplatten und am nördlichen Ende ein Rasenschach bei.

In den Frühlingsanlagen

Entlang der Kleinen Isar[35]

Klein, aber fein, so könnte man sagen. Denn während die Große Isar kanalartig und schnurgerade an der Stadt vorbeifließt, begleitet die Kleine Isar die ehemaligen Vorstädte Au und Haidhausen unterhalb einer Kaimauer als relativ natürlich wirkendes Gewässer.

Den Übergang von der Großen zur Kleinen Isar markierten im 19. Jahrhundert die so genannten Oberen Überfälle, Schwellen, über die sich das Wasser von der höher gelegenen Großen in die Kleine Isar ergießen konnte. Dies war allerdings nur bei Hochwasser der Fall. Die übrige Zeit verblieb fast das gesamte Wasser für die Floßfahrt und Holztrift in der Großen Isar.

Von 1859 bis 1862 entstand dann statt der Überfälle das nach dem Stadtbaurat Karl Muffat (1797-1868) benannte Muffatwehr, ein kombiniertes massives Wehr mit acht Überfällen.

Im Zusammenhang mit dem Bau der Corneliusbrücke 1903 wurde das Muffatwehr durch das Corneliuswehr ersetzt. Es stieß nun direkt an einen Brückenpfeiler der Corneliusbrücke und unterbrach dadurch die Fußwegverbindung über die Isarinseln.

Da die Kleine Isar jetzt bei niedrigem Wasserstand kein Wasser mehr erhielt, wurde 1934 als zusätzlicher Wasserlieferant der Reichenbachdüker, eine unterirdische Verbindung von der Großen zur Kleinen Isar, direkt unterhalb der Reichenbachbrücke angelegt. Im Zusammenhang mit dem Überlauf des Streichwehrs entstand so am Beginn der Kleinen Isar ein großer Gumpen.

35 Siehe auch das Kapitel „Isarinseln".

Blick von der Reichenbachbrücke nach Süden. Hier teilen sich Große und Kleine Isar.

Mit dem letzten Bauabschnitt der Renaturierung im Jahr 2000 änderte sich die Situation an der Abzweigung der Kleinen Isar erneut. Das Wehr wurde weitgehend erhalten, der Düker aber entfernt. Stattdessen erhielt die Kleine Isar einen neuen Zulauf oberhalb der Reichenbachbrücke: Über eine mit Felsbrocken gestaltete Gefällestrecke, eine so genannte Sohlrampe, fließt ein breiter, beinahe naturnah wirkender Arm unter der Brücke hindurch auf das tiefere Niveau der Kleinen Isar.

Hier, zwischen Reichenbach- und Corneliusbrücke, wurde eine kleine Freizeitoase mit Sitztreppen aus Granit geschaffen.

Das rechte Flussufer mit den angrenzenden Stadtteilen Au und Haidhausen wird ab hier von der Kleinen Isar gebildet.

Conrad beschrieb sie als *„vom Hochwasser alljährlich überflutetes Feld", „eine Art flaches Reservebett", „wild und regellos, mit niedrigem Buschwerk bewachsen, aus welchem geschlängelte Sandwege und Kiesbänke weiß herausglänzten."*

Von der ehemaligen Naturidylle ist allerdings nicht mehr viel geblieben. Einst Heimat des ersten in der Stadt bekannt gewordenen Bibers, werden die Kiesinseln immer mehr als Freizeitgelände genutzt. Am Ende der Frühlingsanlagen, nach der Corneliusbrücke, tritt die Bebauung der Zeppelinstraße nahe an die Kleine Isar heran. Diese breitet sich unter einer hohen Kaimauer tief unter dem Straßenniveau zwischen Kiesbänken aus.

Das begehbare Muffatwehr, das eine Verbindung vom Hochwasserbett der Isar auf die Kohleninsel ermöglichte. Foto1898/99 während der Kraftmaschinenausstellung an Stelle des heutigen Deutschen Museums

Hier, auf Nummer 41, damals noch Entenbachstraße, ist der unvergessene Karl Valentin aufgewachsen. Er musste nur über die Straße und über eine Treppe hinunter ins damals noch naturbelassene Flussbett laufen und konnte dort seine nicht immer nachahmenswerten Jugendstreiche ausüben. Auch manche

Sitztreppen zwischen Reichenbach- und Corneliusbrücke

seiner Geschichten sind sicher von der nahen Isar inspiriert, ob er nun einen Goldfisch in ihr „ertränken" will oder sich in eine Ente versetzt, die im Traum einen Wurm verschlucken will. Zu seinem Leidwesen wird er von seiner Partnerin daran gehindert, weil sie ihn aufweckt.

Auf einem schmalen Uferstreifen verläuft zwischen einer Ahornallee ein Rad- und Fußweg bis zur Ludwigsbrücke.

Auf halber Höhe gelangt man über die Zenneckbrücke in den Hof des Deutschen Museums.

Anschließend führt uns der Weg unter der Ludwigsbrücke hindurch auf die Kalkofeninsel (Siehe das Kapitel „Die Kalkofeninsel zwischen Kleiner Isar und Auer Mühlbach".) Vorbei am Müller´schen Volksbad und Muffatwerk, lassen wir den Kabelsteg links liegen und nehmen einen schmalen Fußgängersteg zwischen Kleiner Isar und Auer Mühlbach, der uns unter der Maximiliansbrücke hindurch führt.

Wir befinden uns jetzt an einem beliebten Ruheplatz mit einigen Bänken: über uns das Maximilianeum, vor uns das Max(imilians)-werk. Das Tosen der imposanten Überfälle der Kleinen Isar übertönt den Verkehrslärm von der Maximiliansbrücke.

Gegenüber liegt die Schwindinsel, an deren Nordspitze es zu einem Zusammenschluss der beiden Isararme kommt.

Der Gasteig – vom Siechenhaus zum Kulturzentrum

Mit Siechenhaus ist keineswegs das wegen seiner Renovierungsbedürftigkeit ins Gerede gekommene Gasteig-Kulturzentrum gemeint. Doch davon später.

Was die Herleitung des Namens „Gasteig" betrifft, ist man sich in der Literatur weitgehend einig. Demnach ist „Gasteig" eine Bezeichnung für einen „gachen Steig", also einen steilen Weg. Die Straßenbezeichnung gibt es übrigens in vielen bayerischen Orten. So führt allein in der unmittelbaren Umgebung von München in Grünwald eine Straße namens Gasteig hinunter ins Isartal, und der Grünwalder Ortsteil Geiselgasteig hat sogar seinen Namen nach einem solchen gachen Steig.

Andreas Schmeller nimmt allerdings in seinem Bayerischen Wörterbuch von 1872/77 auf Grund verschiedener Urkunden auch einen Ursprung „Gaißsteig" an, was aber letztlich keinen großen Unterschied macht, da ein nur für Ziegen geeigneter Weg in der Regel auch ein steiler Weg ist.

Ursprünglich war „Gasteig" nur die Bezeichnung für diesen Weg von der Isarbrücke auf den Gasteigberg. Erst im Laufe der Zeit wurde der Name auf das gesamte Gelände zwischen Wiener-, Preysing- und Rosenheimer Platz übertragen.

Von Anfang an war der Gasteigberg auch ein militärstrategisch wichtiger Ort. Liegt er doch über dem lange Zeit einzigen Isarübergang, über den der Handel auf der Salzstraße führte. Dort konnte der Feind seine Kanonen in Stellung bringen und hatte einen guten Überblick auf das Geschehen in der Stadt. So hatte die Bevölkerung Haidhausens im Laufe der Geschichte unter feindlichen Heeren viel zu leiden, z. B. beim Einmarsch der Truppen Gustav Adolfs 1632.

Die älteste Bebauung des Gasteig, das „Sundersiechen- und Leprosenhaus", befand sich nachweislich seit 1293 nordwestlich der Wienerstraße hinter der idyllisch in den Gasteiganlagen gelegenen St. Nikolai-Kirche. Sie entstand vermutlich bereits 1204 gemeinsam mit diesem, wurde aber in der Spätgotik völlig umgestaltet. Die angebaute kleine Loretokapelle geht auf das Jahr 1778, in ihrer heutigen Gestalt auf das Jahr 1926 zurück, als sie nach dem Vorbild der Altöttinger Gnadenkapelle umgebaut wurde.

Als 1860 die Gasteiganlagen, Teil der Maximiliansanlagen[36], durch Carl von Effner entstanden, wurde das im Stadtatlas von 1850 als „Spital für Unheilbare" bezeichnete Gebäude abgerissen. Die Insassen verlegte man in die aufgelassenen Räume des „Irrenhauses Giesing" am Kolumbusplatz, und das Gelände wurde in die Parkanlagen einbezogen.

36 Siehe das folgende Kapitel.

Das alte Brunnhaus auf dem Isar- oder Gasteigberg. Foto 1855

Der Gasteig 1860

Über lange Jahre diente der Gasteigberg mit seinen zahlreichen Hangquellen auch zur Wasserversorgung der Stadt. Hier, an der heutigen Kreuzung von Rosenheimer Straße, Am Gasteig und Am Lilienberg, befand sich seit 1511 Münchens ältestes Brunnhaus, das „Brunnhaus auf dem Isarberg", auch „Brunnhaus am Gasteig". Als dieses den Anforderungen nicht mehr genügte, wurde es von Stadtbaurat Karl Muffat 1836 auf die Kalkofeninsel verlegt.

Das Gasteiggelände erfuhr in den nächsten Jahren eine völlige Umgestaltung. 1856 wurde eine neue Straße, die Kellerstraße, angelegt und nach den 64 Bierkellern benannt, die um 1860 an der Keller- und Rosenheimer Straße existierten. Zwischen diesen beiden Straßen entstand auf einer Fläche von 23.000 qm das Gasteig-Spital. Laut einem Stadtplan von 1912 diente es etwa ab dieser Zeit als Armenhaus.

Auf dem Gelände begann die Stadt Anfang der siebziger Jahre einen Konzertsaal zu planen. Jetzt stand das mittlerweile als Altersheim genutzte Gebäude mit über 150 Zimmern dem Projekt im Wege. Doch die Räumung des von Hausbesetzern gekaperten Hauses ging nicht problemlos vor sich: Siebenhundert Polizisten nahmen dabei einhundertfünfzig Personen fest.

Nach heftigen Auseinandersetzungen im Stadtrat kam es schließlich zu einem Architektenwettbewerb, den die Architektengemeinschaft Raue, Rollenhagen, Lindemann und Grossmann für sich entschied.

1978 erfolgte unter dem kürzlich verstorbenen Oberbürgermeister Kronawitter der erste Spatenstich, und 1985 konnte die gesamte Anlage nach erheblichen Kostenüberschreitungen

Das Gasteigspital 1870

eröffnet werden. Von Anfang an war der burgartige Komplex, der die gesamte Blickachse von der Ludwigsbrücke nach Osten dominiert, umstritten und wurde boshaft auch als „Kulturbunker" bezeichnet. Wenn man allerdings erst einmal den „Burggraben" in Gestalt der verkehrsreichen Straßen, die ihn umgeben, überwunden hat und in den inneren Bereich der „Burg" eingedrungen ist, kann man sich dort durchaus wohlfühlen.

Das Gebäude ist nicht nur Heimstatt der Münchner Philharmoniker mit Münchens größtem Konzertsaal, der Philharmonie, deren mangelhafte Akustik von Fachleuten immer wieder beklagt wird.

Doch bei aller möglichen Kritik, auch an der Architektur dieses gewaltigen Baukörpers auf relativ begrenztem Raum, ist doch festzuhalten, dass das Gebäude als Sitz des Richard-Strauss-Konservatoriums, Zentrale von Volkshochschule und Stadtbibliothek, als Austragungsort der Münchner Filmkunstwochen und einer Bücherschau, mit Ausstellungs- und Vortragsräumen eine unverzichtbare Rolle im kulturellen Leben der Stadt spielt.

Mittlerweile ist man sich nach jahrelangen Diskussionen zwischen der Stadt München und dem Freistaat Bayern einig, dass ein neuer, zusätzlicher Konzertsaal gebaut wird. Auch auf den Standort hinter dem Ostbahnhof konnte man sich einigen.

Die Entscheidung über den Siegerentwurf eines Architektenwettbewerbs und damit die Gestaltung dieses Projekts fällt derzeit.

Doch wie geht es mit dem Gasteig weiter?

Mittlerweile (Stand: April 2017) ist man sich einig, dass das Kulturzentrum generalsaniert werden muss. 25 Projekte will der Gasteig-Chef neben einer Grundsanierung dabei in Angriff nehmen. Kostenpunkt: rund eine halbe Milliarde Euro.

Dass der Kämmerer da vorerst was dagegen hat, ist nachvollziehbar. Doch auf welchen Umfang der Sanierung man sich auch immer einigen wird, eines ist sicher:

Während die Münchner im 19. Jahrhundert nach Haidhausen zu den Bierkellern pilgerten, ist es seit 1985 das Kulturzentrum am Gasteig oder einfach „der Gasteig". Und das wird auch in Zukunft so bleiben.

Das Gasteig-Kulturzentrum

Maximiliansanlagen und Brunnthal in Haidhausen

Bis zur Mitte des 19. Jahrhunderts stand noch ein letztes von mehreren Brunnhäusern im Brunnthal unterhalb von Haidhausen – nicht zu verwechseln mit dem Bogenhauser Brunnthal.

Vor der zentralen Trinkwasserversorgung aus dem Mangfalltal waren so genannte **Brunnhäuser** für die Versorgung zuständig. Hierzu wurden die zahlreichen Hangquellen genutzt, die aus dem östlichen Hochufer hervortreten. Da die Quellen nur wenig über dem Niveau der Stadt lagen, wurde das Quellwasser mittels eines Wasserrads und davon angetriebenen Pumpen in einen Wasserturm gedrückt und von dort mittels hölzerner Rohre, so genannter Deicheln, in die Stadt geleitet.

Das Brunnhaus wurde vom „Brunnthal Bächel" versorgt, das in der Kreppe in Haidhausen, einer Quellmulde, seinen Ursprung hatte und durch einen Geländeeinschnitt ins Hochwasserbett der Isar und von dort weiter am Hangfuß entlang nach Norden floss. Unmittelbar hinter der damals noch nicht vorhandenen Luitpoldbrücke mündete es in die noch unregulierte Isar.

Die Situation änderte sich grundlegend ab 1856 mit den Vorbereitungen für das von König Max II. geplante Maximilianeum

Vorne Häuser an der Kreppe von Haidhausen, von wo das Brunnthal zum Preysing Brunnhaus hinunter führt. Links die Baustelle des Maximilianeums. Foto um 1857

und den sich anschließenden Landschaftspark.

Den Auftrag für die Gestaltung des Geländes zwischen Gasteig und Max-Joseph-Brücke erhielt Karl von Effner, Königlicher Hofgärtendirektor.

Als erstes musste das Brunnhaus weichen. Der Bach, der es versorgte, wurde unterirdisch in Rohren verlegt, sein Wasser für die Gestaltung des Parks eingesetzt, so zum Beispiel für den langgestreckten Goldbachweiher kurz vor der Luitpoldbrücke, nahe am Fuß des Isarhanges.

Auch der verwunschene kleine Achterweiher jenseits der Brücke, im Winter Sammelplatz für eine große Kolonie von Mandarinenten, wird von dem ehemaligen Bächlein gespeist, das dann in die Isar abfließt.

Vom Bett des Brunnbachs ist ein trockenes romantisches Tälchen geblieben, das von einer Brücke aus Ziegelsteinen überspannt wird.

Etwas unterhalb des Standorts des Brunnhauses steht heute das 1894 errichtete Maxwerk, dessen Turbine vom hier unterirdisch fließenden Auer Mühlbach angetrieben wird.

Pläne der Augustiner-Brauerei, in diesem besonders attraktiven Bereich der Maximiliansanlagen mit Blick auf die tosenden Kaskaden der Kleinen Isar ein Lokal mit 400 Biergartenplätzen einzurichten, finden nicht nur Zustimmung. Die idyllischen Maximiliansanlagen, deren erster Abschnitt auch als Gasteiganlagen bezeichnet wird, erstrecken sich über einen breiteren Streifen entlang der Isar und sind durch den bewaldeten Isarhang von einem schmäleren Bereich auf dem Hochufer getrennt. Dort versteckt sich etwas schamhaft und weitgehend unbeachtet ein König-Ludwig II.-Denkmal. Die weitläufige Parkanlage mit vielen Ruhebänken eignet sich für gemütliche Spaziergänge.

Das Maxwerk

Der Goldbachweiher

Der Achterweiher

Uferpromenade in den Maximiliansanlagen

Bad Brunnthal – ein Kurbad in Bogenhausen

Manch ein Spaziergänger mag sich schon gefragt haben, wo denn das Bächlein herkommt, das sich unmittelbar vor der Bogenhauser Brücke über einige bemooste Stufen auf die Kiesbänke der Isar ergießt. Es handelt sich um die Mündung eines typischen Quellbachs, der wie so viele andere aus dem Isarhang sprudelt.

Geht man unmittelbar vor der Brücke nach rechts über die Neuberghauser Straße auf die hoch oben gelegene Bogenhauser Kirche zu, so gelangt man zum versteckten, zweigeteilten Steinbacher Teich, der von einer Quelle und einem kleinen Bach gespeist wird, der hinter den Häusern der Straße „Bad Brunnthal" fließt. Im rückwärtigen Garten des Hauses Nummer 3 befinden sich weitere Quellen.

Von einem Bad ist aber weit und breit nichts zu sehen. Doch bereits auf einem anonymen Plan der Isar um 1800 sieht man auf einem als Seidlgarten beschrifteten Grundstück ein künstlich angelegtes Becken, das Wasser der dortigen Hangquellen sammelte.

Die Geschichte des Ortes ist jedoch älter. Schon 1683 ließ Max Emanuel auf dem erstmals 1544 als Pruntal erwähnten Gelände – nicht zu verwechseln mit dem Haidhauser Brunnthal! — ein Militärwaisenhaus und ein Militärlazarett errichten. Ihm mag das Becken auf dem Plan von 1800 als Badeanstalt gedient haben, bevor es in Privatbesitz gelangte.

Bereits 1807 wurde Brunnthal zum Kurort erhoben, und das Bad erlangte schnell Berühmtheit. Nicht nur der Minister Maximilian Montgelas, der nebenan seine Residenz hatte, war ein häufiger Besucher von „Dumels Bad", wie es nach seiner Eigentümerin Magdalena Dumenyl genannt wurde.

Um die Mitte des 19. Jahrhunderts hatte ein Doktor Steinbacher die Anstalt übernommen und zu einer Naturheilanstalt gemacht. Er experimentierte mit Elektromagnetismus, und allerhand Prominente, echte und eingebildete Kranke aus aller Welt suchten bei ihm, einer Werbebroschüre vertrauend, Heilung bei Verstopfungen, Rheuma, Impotenz und Schwerhörigkeit.

Offensichtlich waren seine Heilungserfolge aber nicht so überzeugend, denn die Konzession als Bade- und Heilanstalt wurde letztmalig 1891 vergeben. 1910 wurden die zum Bad gehörigen Gebäude abgerissen und durch drei neoklassizistische Villen ersetzt, in denen noch bis nach

Badeszene im Bad Brunnthal aus dem 19. Jahrhundert

Bad Brunnthal um 1830. Oben das Bogenhauser Kirchlein mit dem Pfarrhof. (Stich von Lebschée)

dem 2. Weltkrieg eine Kneippkuranstalt ein bescheidenes Dasein fristete.

Unbedingt sollte man, wenn man schon hier ist, dem Bogenhauser Kirchlein St. Georg auf der Anhöhe einen Besuch abstatten. Auf dem kleinen Friedhof wird man vielen bekannten Namen begegnen: Erich Kästner, Oskar Maria Graf, Rainer Werner Fassbinder, Walter Sedlmayr, Helmut Fischer... Als „Club der toten Dichter" wurde der Friedhof einmal in der Süddeutschen Zeitung treffend bezeichnet.

Bleibt noch die Frage: Wie fließt das Bächlein vom Steinbacher Weiher eigentlich weiter? Sie ist einfach zu beantworten: Weil es früher entlang des Hangfußes nach Norden floss, störte es beim Bau der Bogenhauser Brücke und der Anlage des Herzogparks. Sein dortiges Bett wurde kurzerhand zugeschüttet und der Bach unter den Häusern der Steinbacher Straße zu Isar geleitet. Der Beginn des Brunnbaches wurde so zu einem eigenständigen Bach, dem Brunnthal-Quellbach.

Der Grabstein von Rainer Werner Fassbinder: ein Isarkiesel

Mündung des Bad Brunnthal Quellbachs in die Isar

Bad Brunnthal 1908 kurz vor dem Abriss

Spaziergang am Brunnbach zur Emmeramsmühle

Man kann annehmen, dass schon Thomas Mann, der im Herzogpark in der damaligen Poschingerstraße wohnte, mit seinem Hund Bauschan am Brunnbach spazieren ging. Ihm zu Ehren hat man 1956 eine Straße – Teil der Isarpromenade zwischen Max-Joseph- und Kennedybrücke – von Föhringer Allee in Thomas-Mann-Allee umbenannt. Zur selben Zeit wurde die Fortsetzung der Promenade nach Norden bis zum Oberföhringer Stauwehr nach seinem Bruder zur Heinrich-Mann-Allee.

Biegt man von dieser etwa 500 Meter nach der Kennedybrücke in die Opitzstraße ein, trifft man vor dem Isar-Hochufer auf die Brunnbachleite und auf einen Graben, der anfangs kaum Wasser führt. Es handelt sich um die Fortsetzung des beim Bau des Herzogparks zugeschütteten ursprünglichen Brunnbachs. (Siehe das vorherige Kapitel.) Schon bald entwickelt sich aus dem Rinnsal durch Quellen, die ihm aus dem Hochufer zufließen, ein immer ansehnlicheres Bächlein, das von einem idyllischen Spazierweg – auch für Radfahrer geeignet – begleitet wird.

Einer der zahlreichen Quellbereiche des Brunnbachs

Historischer Exkurs I

Zum Betrieb einer Mühle wäre die heutige Wasserführung des Bächleins allerdings nicht in der Lage. Kaum zu glauben, dass an dem seit dem 10. Jahrhundert als „Milpach" nachweisbaren Gewässer einst vier Mühlen existierten.

Noch weniger kann man sich vorstellen, dass der Bach auch mit Booten befahren wurde.

Max Emanuel ließ nämlich um 1715 etwas nördlich des heutigen Effnerplatzes auf dem Hochufer eine Ziegelhütte (Ziegelei) errichten. Auf einer Art Rutsche gelangten die Ziegel von dort ins damalige Hochwasserbett der Isar, da wo heute der Herzogpark ist. Auf dem dortigen „Canal auf die Ziegelhütten"[37] wurden die Ziegel auf flache Boote, so genannte Plätten, verladen und gelangten über Isar, Eisbach, Schwabinger Bach und Schleißheimer Kanal zur Baustelle von Schloss Schleißheim.[38]

Dies war aber nur möglich, weil der Bach mit der Isar zusammenhing, die Isar noch nicht begradigt und eingedämmt war und auf einem um einige Meter höheren Niveau als heute floss.

Das Gebiet vom heutigen Herzogpark bis zur Emmeramsmühle lag im Überschwemmungsgebiet und wurde von diesem Seitenarm durchflossen, an dem um diese Zeit noch die letzte von einst vier Mühlen stand: die Emmeramsmühle.

37 Dieser ist auf einer Landkarte von 1716 beschriftet. (Stab. Karte Bayer. Hauptstaatsarchiv, Plansammlung Nummer 668/V)

38 Quelle: NordOst Magazin.

Bei der Isarregulierung zwischen 1806 und 1811 wurde der Fluss dann durch Dämme eingeengt und begradigt. Dadurch wurde dem ehemaligen Mühlbach sein Zulauf aus der Isar abgeschnitten.

Die Isar grub sich nun durch die erhöhte Strömungsgeschwindigkeit bis unter die Grundwasser führende Schicht ein, und immer mehr Grundwasser trat nun in Form von Hangquellen entlang der Brunnbachleite aus dem Isarhang aus und bildete einen von der Isar unabhängigen Bach, den heutigen Brunnbach.

Leider entzieht sich der Bach immer wieder unseren Blicken, weil er durch Privatgrundstücke fließt. An der Straße „Grüntal" stand noch vor wenigen Jahren eine Gartenwirtschaft gleichen Namens, die einer Wohnanlage weichen musste, die nach langer Unterbrechung der Bauarbeiten kurz vor der Vollendung steht[39].

Danach stößt man auf die Mauerkircherstraße. Dort geht man nach links, biegt nach wenigen Metern rechts in die Mittlere Isarstraße ein und kommt vor der Kanalbrücke über eine Treppe hinunter auf den Damm des Mittleren Isarkanals. (Radfahrer benutzen den Damm auf der anderen Kanalseite.) Man geht jetzt zwischen Kanal und Brunnbach bis zur nächsten Kanalbrücke, steigt die dortigen Treppen wieder hinauf und erreicht rechts die St.-Emmeram-Straße.

39 Herbst 2017.

Emmeramsmühle 1930

Auf ihr gelangt man durch ein ländliches, locker bebautes Gebiet schließlich zum Ensemble rund um die Gartenwirtschaft Emmeramsmühle.

Historischer Exkurs II

Der Name St. Emmeram geht auf einen Bischof Emmeram zurück, der 652 auf dem Weg nach Rom ermordet wurde, auf der alten Salzstraße nach Oberföhring gebracht und dort aufgebahrt worden sein soll, bevor er auf der Isar und Donau nach Regensburg gebracht wurde.

In Erinnerung an den Heiligen errichtete man 884 die St.-Emmeram Wallfahrtskapelle mit Reliquien aus Regensburg, an die sich 1663 eine Eremitenklause und etwa ab 1721 ein Noviziat mit Schule und Lehrerbildungsstätte anschloss.

1820 wurden Kirche, Eremitenklause und Schule abgerissen. An der Stelle der Schule und Klause errichtete 1822 der neue Besitzer, der Stadtmaurermeister Josef Höchl, eine Villa. Sie wurde zunächst als Gastwirtschaft, dann als Kalkbrennerei und Dampfsägemühle genutzt. Heute ist das Haus im Besitz der Stadt München und beherbergt eine private Kindertagesstätte.

Dort, wo heute die Gaststätte mit dem Biergarten steht, ist bereits für das 14. Jahrhundert die „Mühle beim heiligen Emmeram" nachgewiesen.

Die heutige gastronomische Nutzung von St. Emmeram geht auf diese Getreidemühle zurück. 1820 erwarb sie ein jüdischer Kaufmann. Da Juden jedoch damals die Herstellung von Lebensmitteln verboten war, stellte er den Betrieb auf Papierproduktion um. Seine Kunden durfte er aber in einem kleinen Raum der Mühle mit Bier und Brotzeiten bewirten.

Eine Wirtshauskonzession besteht jedoch erst seit 1855. Nach dem 1. Weltkrieg stellte man den Mühlenbetrieb ein, der Biergarten aber war schon seit dem Ende des 19. Jahrhunderts zu einem Anziehungspunkt vor allem der Schwabinger Künstlerszene geworden. 1866 wurde das Gebäude durch einen Neubau ersetzt und 1929 von der Spatenbrauerei übernommen und grundlegend renoviert.

Der Betrieb hat zwischendurch auch schlechtere Zeiten erlebt, erfreut sich aber heute wieder großer Beliebtheit, was vor allem mit seiner wunderschönen Lage zu tun hat.

Und wem das Speisenangebot zu teuer ist, dem stehen auch einige Plätze zur Verfügung, an denen er zur Halben Bier seine Brotzeit mitbringen darf. Einen Selbstbedienungsbereich gibt es allerdings nicht. Von vielen der 800 Sitzplätze hat man einen freien Blick in die Natur.

Neben dem Wirtshausbetrieb fällt ein kleines Backsteingebäude auf, das heute im Untergeschoss für die Toiletten des Biergartens und darüber gewerblich genutzt wird. Es handelt sich um ein ehemaliges Pumpwerk, das die Gemeinde Oberföhring 1901 errichten ließ, um Quellwasser aus den reichlich fließenden Hangquellen zu einem Wasserturm auf der Anhöhe zu pumpen. Oberföhring wurde zwar bereits in den zwanziger Jahren an das Münchner Wassernetz angeschlossen, der Wasserturm aber erst 1962 abgetragen.[40]

Bis zur Erbauung des Werkkanals mündete der Bach hier in die Isar. Heute kann man ihm hinter dem ehemaligen Pumpwerk noch etwa 500 Meter weiter bis zur nächsten Kanalbrücke folgen. Nachdem er dort noch einen kräftigen Quellzufluss aufgenommen hat, wird er in einem Düker unter dem Kanal hindurch geleitet. Am anderen Ufer, auf der Oberföhringer Isarinsel, speist er einen kleinen künstlichen See, bevor er sich nördlich der hölzernen St.-Emmeram-Brücke aus einem eindrucksvollen steinernen Maul in die Isar ergießt.

Radfahrer sind von hier auf dem Isarradweg schnell wieder In der Stadt, Spaziergänger gehen am besten zurück zur Emmeramsmühle und von dort aufs Hochufer hinauf, wo sie direkt auf die Endstation der Trambahnlinien 16 und 18 stoßen.

40 Eine immer wieder genannte Nutzung als Floßwärterhaus ist eher unwahrscheinlich, da die Flößerei damals bereits im Niedergang begriffen war. Denkbar wäre ein Vorgängergebäude an dieser Stelle.

Das ehemalige Pumpwerk

Die Brunnbach-Mündung in die Isar

Der Herzogpark – vom Park zum noblen Wohnviertel

Bei einem Spaziergang oder einer Radtour auf der Thomas-Mann- oder Heinrich-Mann-Allee am Isarufer zwischen Bogenhauser Brücke und Oberföhringer Stauwehr begegnen einem etliche Straßen, die nach bekannten oder auch in Vergessenheit geratenen Schriftstellern benannt sind.

Sie gehören zu einem erst am Anfang des 20. Jahrhunderts entstandenen Ortsteil Bogenhausens im ehemaligen Überschwemmungsgebiet der Isar, dem heutigen Herzogpark.

Er wird begrenzt durch die Isar im Westen und ihr Hochufer im Osten, das Oberföhringer Stauwehr im Norden und die Bogenhauser Brücke und die Montgelasstraße im Süden. Die John-F.-Kennedy-Brücke und der Mittlere Ring zerschneiden ihn in einen nördlichen und südlichen Abschnitt.

Für den Autoverkehr ist er einzig durch die Mauerkircherstraße erschlossen, die an der Bogenhauser Brücke von der Montgelasstraße abzweigt und am Ende des Parks auf Höhe des Oberföhringer Stauwehrs zur Oberföhringer Straße hinauf führt.

Eng verbunden mit der Geschichte des Parks ist der Bayerische Staats- und Konferenzminister Freiherr Maximilian von Montgelas.

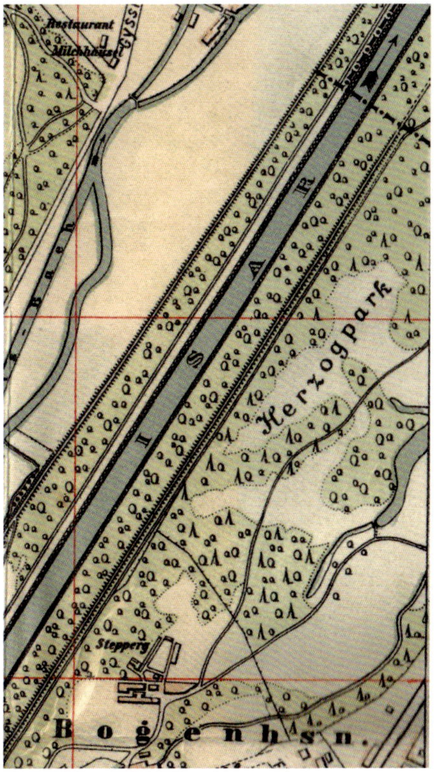

Aus einem Stadtplan von Oscar Brunn von 1908: Man sieht die Gebäude von Schloss Steppberg und den bis auf den Bereich an der Montgelasstraße nach wie vor unbebauten Herzogpark.

Etwa auf Höhe des heutigen Herkomerplatzes befand sich seit dem 15. Jahrhundert ein Lehenshof, der im Laufe der Zeit zum Edelsitz Steppberg wurde, den schließlich 1803 Montgelas erwarb. Als „Gartenhaus Bogenhausen" wurde es zu seiner Sommerresidenz. Zu dem Besitz gehörten 117 Tagwerk Land im darunter liegenden ungeschützten und völlig unbebauten Hochwasserbett der Isar. Der Herzogpark war damals noch ein wildes Auengebiet mit Seitenarmen der Isar, die ständig ihren Lauf änderten.

Der Kauf stellte sich trotzdem schnell als vorausschauend heraus, als nämlich 1805 mit der Isarregulierung begonnen und das Land so zum potentiellen Bauland wurde. Montgelas beauftragte den berühmten Gartenbaumeister Ludwig von Sckell, der das Grundstück in einen riesigen Natur- und Kulturgarten umwandelte. Von den Gebäuden des Edelsitzes mit den unmittelbar anschließenden Schlossanlagen führten Wege hinunter zur Isar und zu den späteren Gartenanlagen.

Nach Montgelas´ Tod 1839 verkaufte sein Sohn den gesamten Bogenhauser Besitz an Herzog Maximilian in Bayern, das ganze Gebiet wurde zum Herzogpark. Der Sohn von Herzog Max, Karl Theodor, wiederum veräußerte 1900 das Grundstück, das mittlerweile auf 389 Tagwerk angewachsen war, um 4 Millionen Mark an die „Terrain Aktiengesellschaft Herzogpark München-Gern", nachdem sich die Absicht, hier den Münchner Tierpark anzulegen, aus Geldmangel seitens der Stadt nicht verwirklichen ließ.

Ein reicher Kunstsammler und Fabrikant erwarb den ehemaligen Edelsitz und wollte darauf ein gigantisches Wohn und Geschäftshaus mit Kunstgalerie errichten. Als er Pleite ging, kaufte das Deutsche Reich 1919 die Bauruine und brachte in dem fertiggestellten Bau 1924 den Reichsfinanzhof unter. Heute residiert dort mit der Adresse Ismaninger Straße 109 der Bundesfinanzhof.

Aus dem Steppberger Jagdhaus – heute Flemingstraße 16 – entstand 1904 ein Wohnhaus mit Wirtschaftslokalitäten, Metzgerei, Remise, Stallungen und einer Sommerschenke, die um 1910 zur beliebten „Restauration Herzogpark" wurde.

Privathäuser entstanden zunächst nur im südlichen Teil. Dort erwarb auch der spätere Literatur-Nobelpreisträger Thomas Mann in dem als „Zaubergarten" bezeichneten Park ein Haus an der Poschingerstraße 1, heute Thomas-Mann-Allee 10, das er umbaute und mit seiner Familie bis zu seinem Exil 1933 bewohnte. Der dem Original nur sehr vage nachempfundene Neubau aus den Jahren 2002 bis 2005 war damals heftig umstritten.

Mit der Bebauung des nördlichen Teils begann man erst um 1910. Aber der Anfang war zäh. Noch 1919 schreibt Thomas Mann in seiner Novelle „Herr und Hund": *„(...) Da ist eine Gellert-, eine Opitz-, eine Fleming-, eine Bürgerstraße, und sogar eine Adalbert-Stifter-Straße ist da, auf der ich mich mit besonderer Andacht mit meinen Nagelschuhen ergehe. (...) Es ist kein Zweifel, die Parkstraßen mit den poetischen Namen wuchern zu, das Dickicht verschlingt sie wieder, und ob man es nun beklagen oder beifällig begrüßen will, in weiteren zehn Jahren werden die Opitz-, die Flemingstraße so gut wie verschwunden sein."*

Doch auch Nobelpreisträger können irren. Denn mit dem Bau des Oberföhringer Stauwehrs zwischen 1923 und 1925 kam neue Bewegung in die Bebauung. Immer mehr wohlhabende Bürger, Unternehmer, Privatiers, Wissenschaftler, Künstler und Literaten erfüllten sich hier ihren Traum vom stadtnahen Wohnen im Grünen in prächtigen Villen im Stil des Historismus.

Nach dem Krieg, 1945, wählte auch Erich Kästner, der die Nazizeit in Berlin überlebt hatte, einen Wohnsitz im Herzogpark, allerdings in einem bescheidenen Reihenhaus, in dem er bis zu seinem Tod 1974 lebte.

Im Zweiten Weltkrieg war es zwar zu massiven Kriegszerstörungen gekommen, den Rest besorgte die so genannte „Zweite Zerstörung Münchens"[41] in der Nachkriegszeit.

Ihr fiel 1953 auch die „Restauration Herzogpark" mit dem beliebten Biergarten zum Opfer. An ihrer Stelle entstanden die heutigen Tennisplätze.

Nur noch wenige Häuser, vor allem im südlichen Teil, repräsentieren heute den Originalzustand ihrer Erbauungszeit.

Was die Nachkriegsbebauung betrifft, kann man dem Urteil von Willibald Karl, einem der besten Kenner des Herzogparks, nur zustimmen, der in seinem Buch „Herzogpark" aus dem Jahr 2000 schreibt: *„Im letzten Viertel dieses Jahrhunderts hat der Herzogpark gründlich sein Gesicht verloren. Nur da und dort sind wirklich neue und ästhetisch befriedigende Bauten entstanden. Vorherrschend ist die bis an die Grundstücksgrenzen Mindestabstände auslotende Appartement-Wohnanlage, bienenkorb- oder burgartige Gebilde mit verschachtelten Formen, schießschartenartigen Fenstern oder Loggien oder Balkonen, die übereinander geschichtet die Sonne einfangen wollen."*

In letzter Zeit geht der Herzogpark immer wieder durch die Presse. Mittlerweile ist beispielsweise die Villa Kolbergerstraße 5 gegen den ursprünglichen Willen des Denkmalamtes abgerissen. Geplant ist eine fünfgeschossige Eigentumswohnanlage, für die der renommierte Architekt David Chipperfield engagiert wurde.

„Ein Luxusbunker wird geschleift" titelte die SZ am 04.05.2014 über den Abriss der Villa des Multimilliardärs Flick in der Pienzenauer Straße 111.

Aufsehen erregte auch, als der mittlerweile verstorbene Saif al Arab al Gaddafi, Sohn des Diktators Gaddafi, 2008 von Georg Funke (Real Estate) eine Villa in der Opitzstraße erwarb. Wie auch die einzelnen Fälle zu beur-

41 Erwin Schleich: „Die zweite Zerstörung Münchens", München 1978

Der Herzogpark-Biergarten 1905

teilen sein mögen – es geht jeweils um sehr viel Geld.

Bleibt nur zu hoffen, dass nicht, einem gegenwärtigen Trend folgend, wieder ein Zustand wie bis in die sechziger Jahre des 20. Jahrhunderts herbeigeführt wird. Damals war die einzig mögliche Einfahrt in den Herzogpark über die Mauerkircherstraße am Kufsteiner Platz durch eine Schranke mit einem Schrankenwärter gesichert, und die Mauerkircherstraße war eine Sackgasse. „Gated Communities" sind also keine Erfindung unserer Tage.

Auch wenn die Gebäude des Herzogparks wenig Erfreuliches zu bieten haben, ein mehr oder weniger breiter Geländestreifen im östlichen Teil unterhalb der Oberföhriger Straße ist weitgehend unbebaut, wird von einem Bächlein durchflossen und eignet sich für ruhige Spaziergänge. Es handelt sich bei dem Bach um die ursprüngliche Fortsetzung des Brunnthal Quellbachs, der bei der Bebauung des Herzogparks zugeschüttet wurde. (Ein Spaziergang an diesem Bächlein wird im vorhergehenden Kapitel beschrieben.)

Kolberger Straße 1910

Oberföhringer Stauwehr und Mittlere Isar

Mit dem Oberföhringer Stauwehr, fünf Kilometer nach der Ludwigsbrücke und 143 Kilometer von der Mündung der Isar in die Donau entfernt, beginnt ein neuer Isarabschnitt.

Hier endet die städtische und es beginnt die „Mittlere Isar".

Das 1924 erbaute Stauwehr diente von Anfang an nicht der Stromerzeugung, sondern einzig dem Zweck, die Isar um rund 6 Meter aufzustauen und den Großteil ihres Wassers in den Mittleren Isarkanal abzuleiten.

Dies führte immer wieder dazu, dass der Fluss auf der Strecke bis Moosburg kaum noch Wasser führte. Auch grub er sich im Lauf der Zeit durch den fehlenden Kies-Nachschub und Begradigungen bis zu acht Meter tief ein, was zu erheblichen Problemen für die Auwälder führte.

Seitdem der Kraftwerksbetreiber Eon sich 2002 jedoch verpflichtet hat, eine Restwassermenge von 15 Kubikmeter pro Sekunde in der Isar zu belassen, verbesserte sich die Gewässersituation und auch der Zustand des Auwalds deutlich.

Diese Restwassermenge wird hinter dem Stauwehr vom Kanal in die Isar zurückgeleitet und dabei seit 2008 von einem kleinen Wasserkraftwerk genutzt. Oberirdisch ist davon nur ein kleines Maschinenhaus an der Nordostseite des Stauwehrs zu sehen. Neben dem Kraftwerk ist seit 2012 eine neue Fischtreppe in Betrieb.

Eine weitere, erhebliche Verbesserung trat mit den Renaturierungsmaßnahmen des Wasserwirtschaftsamtes in den letzten Jahren ein, so dass sich die „Isarriviera" immer weiter nach Norden ausdehnt.

Blick vom Stauwehr nach Norden. Im Hintergrund die Kirche der Gemeinde Unterföhring

Hier befand sich vor der Renaturierung eine Grundschwelle.

An der Mittleren Isar

Die Maßnahmen betrafen zum einen die Ufer, die weitgehend von Verbauungen befreit und so wieder zugänglich wurden.

Und im Fluss selbst wurden Strukturelemente wie große Steine und abgestorbene Bäume, teilweise sogar kleine Inseln eingebracht. Die schönste und augenfälligste Maßnahme aber war die Umwandlung von Grundschwellen[42], die eine unüberwindliche Barriere für Fische darstellten, in so genannte Sohlrampen[43].

All diese Maßnahmen dienen zugleich der Stabilisierung der Flusssohle. Die Eintiefung lässt sich damit zwar nicht rückgängig machen, aber zumindest verlangsamen.

Zwischen Fluss und Kanal erstreckt sich von hier bis zur Stadtgrenze an der nächsten Isarbrücke, der Herzog-Heinrich-Brücke, das Freizeitgelände „Isarinsel Oberföhring".

Nachdem die Stadt das Gelände von den Bayernwerken erworben hatte, wurde der dortige Auwald zwischen 1976 und 1978 in einen Freizeitpark mit Spielplatz und Grillgelegenheiten umgewandelt. Gegen Ende des Geländes passieren wir rechterhand einen kleinen künstlichen See, der vom Brunnbach durch einen Düker unter dem Werkkanal

42 Kleinere künstliche Aufstauungen, die eine Tiefenerosion verhindern sollen.

43 Gitterartig verlegte lockere Steinriegel, die die Höhendifferenz auf einem mehr oder weniger langen Flussabschnitt ausgleichen.

gespeist wird. Hier kann man auf einer Brücke in Holzkonstruktion die Isar überqueren, oder man gelangt auf einer steinernen Brücke zur Gartenwirtschaft Emmeramsmühle. (Siehe das Kapitel über St. Emmeram.)

Nach einer Dreierkombination von Brücken, der Herzog-Heinrich-, der Leinthalerbrücke und der Föhringer Eisenbahnbrücke, fließen Isar und Kanal knappe zwei Kilometer relativ nah nebeneinander, bevor dieser nach Osten zum Speichersee abbiegt. (Siehe das Kapitel „Kraftwerkskanäle und Kraftwerke".)

In dem Zwickel zwischen Isar und Kanal befindet sich ein größerer Badesee, der Poschinger oder Unterföhringer Weiher[44], eine gute Alternative zum nahegelegenen Feringasee. Allerdings ist er nach längeren Hitzeperioden stark veralgt und verkrautet.

Der See entstand nach dem 1. Weltkrieg durch Kiesabbau für die Dämme des Mittleren-Isar-Kanals.

Der dortige „Seegarten" eignet sich für Unterbrechungen bei Wanderungen oder Radtouren. Vom dazugehörigen Garten hat man nicht nur einen schönen Blick auf den See, sondern kann auch seinen Durst und Appetit stillen. Nach einer Kaffeepause oder auch einer ausgiebigen Mahlzeit erreicht man, vorbei an einem mittlerweile bewaldeten Schuttberg des Zweiten Weltkriegs, schon bald die Gemeinde Ismaning. Doch da haben wir München längst hinter uns gelassen.

44 Nachdem die ursprüngliche Bezeichnung Poschinger Weiher in Unterföhringer Weiher geändert wurde, existieren heute beide Bezeichnungen nebeneinander.

Der Poschinger oder Unterföhringer Weiher

Nebengewässer der Isar oder: Isarwasser fließt nicht nur in der Isar

Radtour zu unbekannten (Isar)-Gewässern[45]

Wir beginnen an der Ludwigsbrücke flussabwärts auf dem rechtsseitigen Isar-Radweg. Die Strecke führt uns über die Kalkofeninsel mit Müller´schem Volksbad und Muffathalle, dann unterqueren wir die Maximiliansbrücke und radeln durch die Maximiliansanlagen.

In einer langen Unterführung unter der Luitpoldbrücke können wir die Fahrt unterbrechen und über eine von zwei Treppen dem Friedensengel einen Besuch abstatten. Wir befinden uns weiterhin in den Maximiliansanlagen und kommen, vorbei am romantischen Achtersee, bis zur Max-Joseph- oder Bogenhauser Brücke. Dort bietet sich ein Abstecher zum alten Bogenhauser Friedhof auf der Anhöhe an. (Siehe das Kapitel über Bad Brunnthal.)

Auf einer Promenade zwischen den Gärten der Häuser des Herzogparks und dem Fluss, nur unterbrochen durch den Mittleren Ring, erreichen wir nach gut fünf Kilometern das Oberföhringer Stauwehr mit der Abzweigung des Mittleren Isarkanals.

Weiter geht es auf dem rechten Isarufer über die so genannte Oberföhringer Isarinsel. Die hölzerne St.-Emmeram-Brücke bleibt links und der Biergarten von St. Emmeram rechts liegen. Sobald man unter einer Kombination von zwei Straßen- und einer Eisenbahnbücke durchgefahren ist, heißt es aufpassen, damit man – etwa vier Kilometer nach dem Stauwehr – nicht das Hinweisschild auf den rechts abgehenden Pfad zum „Seegarten" übersieht. Folgt man ihm, kommt man zum Poschinger bzw. Unterföhringer Weiher und zum Restaurant „Seegarten". (Siehe auch das vorhergehende Kapitel.)

Am Ende des Sees fährt man auf der Zufahrtsstraße zum See das Hochufer hinauf, kreuzt vorsichtig die stark befahrene Münchner Straße und fährt geradeaus am Kanal entlang. Vorbei an einem Umspannwerk, überquert man die S-Bahn-Linie zum Flughafen und unter dem Autobahnring den Kanal. Hier biegt man links in die unbebaute Birkenhofstraße ein (Vorsicht: Nicht dem Wegweiser „Feringasee" folgen, außer für einen Abstecher!) und stößt auf dieser unterhalb eines Dammes, hinter dem sich ein riesiges Fischteich-Areal verbirgt, auf das Teichgut Birkenhof.

Alternative für Genussradler

Statt auf der Birkenhofstraße kann man auch einen Weg auf dem Damm benützen, der den Kanal, der als Ablauf für die dahinter liegenden Fischteiche dient, begleitet. Dieser Weg ist zwar durch Baumwurzeln sehr holperig, dafür fährt man aber wie durch einen grünen Tunnel mit Blick auf den Kanal und die dahinter liegenden Teiche.

Zum **Teichgut Birkenhof** gehörte die größte Abwasserfischteichanlage Europas, die auf einer Gesamtfläche von 340 Hektar ein Teichareal von 233 Hektar umfasste.

Die Anlage mit etwa hundert Teichen verschiedenster Größe wurde jedes Jahr mit rund 100.000 kleinen Karpfen besetzt. Die jährliche „Ernte" betrug rund 200 Tonnen. Die Fischteiche dienten der 1926 errichteten Münchner Kläranlage Gut Großlappen als Vorfluter zur Nachklärung des Abwassers. Eine extra Fütterung der Fische erübrigte sich wegen des hohen Nährstoffgehalts des Wassers in Form von Mikroflora, Mikrofauna und Kleinkrebsen.

Ab Mitte der 1990er Jahre ging der Nährstoffgehalt des Abwassers infolge verbesserter Reinigungsverfahren jedoch immer mehr zurück. Die Fischaufzucht wurde unrentabel und im Jahr 2000 eingestellt.

Das Teichgut wurde 2002 vom Bayerischen Naturschutzfonds

45 Die Tour ist nicht mit Rennrädern und nur bedingt mit Anhänger befahrbar. Da einer der schönsten Wegabschnitte auf dem Damm des Speichersees nur samstags/sonntags befahren werden kann, sollte man die Tour möglichst an einem Wochenende durchführen.

gepachtet, da es europaweite Bedeutung als Mauser-, Rast- und Überwinterungsgebiet für Wasservögel hat. Es kann daher nicht betreten werden.

Auf dem Gutshofgelände wird die „Reitanlage Aschheim" betrieben.

Nach dem Teichgut, bei einem Restaurant mit dem derzeitigen Namen „Birkenhof", stößt man auf die B471. Seit dem Frühjahr 2017 verhindert eine hohe Leitplanke das Überqueren der Straße[46]. Man fährt also auf dem begleitenden Radweg nach links und überquert die Teichanlage. Dabei erhält man einen Eindruck von deren Dimensionen.

Kurz nach der Brücke geht der Radweg nach unten. Dort biegt man scharf links ab und nach hundert Metern, dem Wegweiser Neufinsing folgend, gleich wieder links auf den Damm hinauf. In einem niedrigen Tunnel fährt man unter der B471 durch und anschließend hinunter auf eine Straße, die unterhalb des Speichersees später an der BMW-Versuchsstrecke entlang führt.[47]

Man folgt der Straße etwa 500 Meter bis zum Uniper[48]-Speicherseekraftwerk. 100 Meter danach kann man – allerdings nur, wenn man samstags oder sonntags unterwegs ist! – in einen kaum befahrenen, von Gras bewachsenen Feldweg einbiegen, der einen auf den Damm des hier beginnenden Ismaninger oder Aschheimer Speichersees leitet.

Viele Münchner kennen ihn nur vom Landeanflug auf München. *„Was ist denn das für ein See da unten? Habe ich noch nie gesehen."*

Der Dammweg ist zwar nur langsam zu befahren, die Mühen werden jedoch durch großartige Blicke über den See auf Tausende der verschiedensten Wasservögel und eine reichhaltige Magerrasen-Vegetation an der Dammböschung belohnt.

Nach etwa fünf Kilometern stoßen wir auf einen Damm, der den See als Autostraße in zwei Abschnitte teilt.

Da es jetzt vermutlich Zeit für eine Stärkung ist, fahren wir nach links und folgen dem Wegweiser „Finsinger Alm" für etwa 500 Meter. Hinter dieser „Alm" verbirgt sich ein kleines Wirtshaus mit einem schattigen Biergarten.

Wir sind jetzt seit unserem Ausgangspunkt Ludwigsbrücke etwa 23 Kilometer gefahren.

Das Speichersee-System

Der zwischen 1920 und 1924 entstandene See entspricht mit einer Länge von sieben Kilometern ungefähr der Größe des Tegernsees. Dass er trotzdem wenig bekannt ist, mag auch an seiner etwas „anrüchigen" Vergangenheit liegen, als die dortigen Karpfenteiche der biologischen Nachklärung des Münchner Abwassers dienten.

Gebaut wurde der Speichersee fast ausschließlich zur Stromerzeugung. Bei niedrigem Wasserstand kann er nämlich dem Werkkanal in seinem weiteren Verlauf vermehrt Wasser zuleiten.

Der See wurde nicht ins Gelände eingegraben, sondern sitzt diesem auf. Das Material für die Dämme stammt vom Aushub des nahegelegenen Abfanggrabens. (Dazu später mehr.)

46 Mancher Spaziergänger oder Radfahrer wird dadurch verleitet, die Straße trotzdem risikoreich zu überqueren, um nicht kilometerlange Umwege in Kauf nehmen zu müssen.

47 Macht man die Tour an einem Wochentag, muss man dieser bequemen Teerstraße für etwa sechs Kilometer folgen, bis man an den Damm kommt, der den Speichersee zweiteilt. Dort trifft man wieder auf die jetzt folgende, empfohlene Route.

48 Uniper ist eine Abspaltung des Energiekonzerns Eon und hat 2016 die Wasserkraftwerke an der Isar von Eon übernommen.

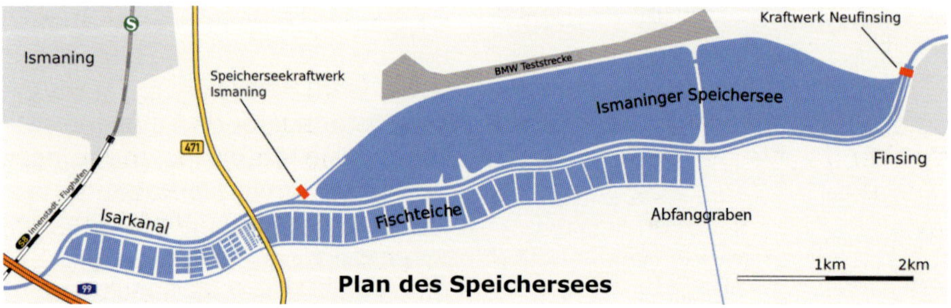

Plan des Speichersees

Am Speichersee

Heute ist der Speichersee mit den Fischteichen ein Paradies für Wasservögel, vor allem als Mauserzentrum. Als Badesee kommt er allerdings allein schon wegen seiner steilen Uferböschungen nicht in Frage.

Am Ende des Speichersees – wer Lust hat, kann noch einen Abstecher dorthin machen – werden die Turbinen des riesigen Kraftwerks Neufinsing von drei Zuflüssen angetrieben: vom Werkkanal, vom Abfluss der Fischteiche und von einem Ablauf des Speichersees.

Der Kanal fließt von hier nordwärts durchs Erdinger Moos Richtung Moosburg. Dort trifft er nach 64 Kilometern wieder auf die Isar und verläuft jetzt parallel zu ihr, bevor er wenige Kilometer südwestlich von Landshut in sie mündet. In seinem Verlauf betreibt er sieben Kraftwerke. Bis zu 8.100 Arbeiter waren in den Jahren 1920-1924 und 1926-1929 gleichzeitig beim Bau der Betriebsanlagen beschäftigt – ein Akt aktiver staatlicher Beschäftigungspolitik.

Nach einer Stärkung in der Finsinger Alm fahren wir zurück zum Speichersee und überqueren ihn auf einer breiten, etwas staubigen Straße. Am anderen Ufer angekommen, begleitet uns auf der rechten Seite ein stattlicher Bach mit kristallklarem Wasser und dichtem Pflanzenbewuchs: der Abfanggraben.

Am Abfanggraben, im Hintergrund der „Grabenkopf"

Der Abfanggraben

Der Aushub dieses künstlichen Gewässers diente in den zwanziger Jahren des vorigen Jahrhunderts zum Bau der Dämme des Mittleren Isarkanals und des Speichersees. Um welche Kiesmengen es sich dabei handelte, kann man ermessen, wenn man bedenkt, dass der von seinem Ursprung bis zur Mündung in das Speichersee-System etwa 9 Kilometer lange Graben ca. 9 Meter in das Gelände eingeschnitten ist.

Er wird vom „Hüllgraben", der nördlichen Verlängerung des Hachinger Baches, und zusätzlich von etwa 5 Kubikmeter Grundwasser pro Sekunde gespeist. Angelegt wurde er zur Entwässerung dieses südlichen Teils des Erdinger Mooses. Ganz nebenbei ist er ein exquisites Forellengewässer.

Auf dem ersten Weg, der nach rechts abzweigt, überqueren wir den Abfanggraben, machen einen Bogen um die ehemalige Erlmühle und fahren einen guten Kilometer unterhalb des Speicherseedammes entlang. Unmittelbar hinter einem alleinstehenden Bauernhof nehmen wir den Weg nach links in Richtung Kirchheim. Auf einem geteerten Feldweg fahren wir durch ehemaliges, heute intensiv landwirtschaftlich genutztes Moorgebiet und stoßen wieder auf den Abfanggraben. Wir folgen ihm etwa drei Kilometer nach rechts auf einem unbequemen Schotterweg zwischen Maisfeldern. Ab der Unterquerung der A99 fahren wir dann auf bequemer Teerstraße und kreuzen bald darauf bei einem Kreisverkehr die B471.

Kurz danach passieren wir das ausgedehnte Golfplatz-Gelände von Aschheim. Wenn unser Weg einen Bogen nach rechts macht, bleiben wir auf dem kleineren Weg geradeaus und erreichen nach einem knappen Kilometer den seeartig erweiterten Anfang des Abfanggrabens, der als „Grabenkopf" bezeichnet wird.

Dort fahren wir über das Hüllgraben-Bächlein, das in den Grabenkopf mündet, und nun etwa 500 Meter an seinem Ufer entlang. Bei der ersten Gelegenheit queren wir den Bach und stoßen auf die Straße „Im Moosgrund". Wir folgen ihr nach links durch ein locker bebautes Gebiet, in dem die Zeit stehengeblieben zu sein scheint.

Kurz darauf biegen wir nach links, unter einer stillgelegten Bahnlinie hindurch, in die Apenrader Straße ein und schon an der nächsten Kreuzung nach rechts in die Aaröstraße.

Wir sind jetzt wieder auf städtisch geprägtem Gebiet und erreichen nach weniger als einem Kilometer das hübsche Kirchlein St. Johann Baptist von Johanneskirchen, eine ursprüngliche Wehrkirche aus dem 13. Jahrhundert.

Auf der Johanneskirchner Straße, der Verlängerung der Aaröstraße, fahren wir nun unter der S-Bahn durch, auf dem Bichlhofweg immer geradeaus und lassen uns dabei durch ein Sackgassenschild nicht irritieren.

Auf der Regina-Ullmann-Straße überqueren wir die Cosimastraße an einer Fußgängerampel und befinden uns jetzt auf dem Fritz-

St. Johannes in Johanneskirchen

Meyer-Weg. Auf diesem geht es ein Stück nach rechts, bis wir vor dem markanten Pharao-Hochhaus auf einem Rad-/Fußweg über zwei Brücken die vielbefahrene Effner- und die Franz-Wolter-Straße queren können.

Kurz danach stoßen wir auf die Oberföhringer Straße, der wir ca. 500 Meter stadteinwärts folgen. Auf der ersten nach rechts abzweigenden Straße, der „St.-Emmeram-Straße", fahren wir dann steil hinunter ins Isartal.

Unten angelangt, halten wir uns rechts und kommen zum Biergarten der St.-Emmeramsmühle. (Siehe das Kapitel „Spaziergang am Brunnbach zur St.-Emmeramsmühle".)

Dort können wir eine verdiente Rast einlegen. Wir müssen nun nur noch den Mittleren Isarkanal überqueren und sind auf dem Isarradweg, dem wir weniger als einen Kilometer nach links, also isaraufwärts, folgen.

Jetzt sind wir wieder am Oberföhringer Stauwehr und nach fünf Kilometern an der Ludwigsbrücke. Die gesamte Rundfahrt von Ludwigsbrücke zu Ludwigsbrücke beträgt etwa 45 Kilometer.

Blick vom Stadtgraben mit dem Stadtgrabenbach auf das Neuhauser Tor (ab 1878 Karlstor) und die alte Matthäuskirche. Rechts das Neuhauser- oder nach seinem Erbauer auch Gasteiger-Brunnhaus.

Die Stadtbäche – von Kloaken zu Elementen der Stadtgestaltung

Auch wenn vielleicht mancher Münchner noch nie einen Stadtbach bewusst wahrgenommen hat: Es gibt sie noch, wenn auch weitgehend in den Untergrund verbannt.

Diese Stadtbäche sind aber keine Bäche mit eigenen Quellen, in ihnen fließt ausschließlich Isarwasser. Aus ursprünglichen Verzweigungen der Isar im Hochwasserbett entstand im Mittelalter ein geplantes, regulierbares Netz von Bächen, die neben der Versorgung aller Arten von Mühlen und der Lieferung von Brauchwasser für Haushalte und Gewerbe auch den Stadtgraben mit Isarwasser füllten, vor allem aber der Abwasser- und Abfallbeseitigung dienten.

Folgende Zahlen von 1884 mögen das verdeutlichen[49]: Damals *„mündeten offiziell 1314 Anwesen direkt mit ihren Abwässern und Aborten in die Stadtbäche. Außerdem münden in die verschiedenen Stadtbäche noch zirka 19.369 Meter alte, nicht in das Gesamtkanalisations-Projekt Münchens passende und deshalb zu beseitigende Kanäle, welche Abwasser und Abortgänge der an denselben liegenden Häuser ebenfalls den Bächen zuführen."*

Anschaulicher, als es die nüchternen Zahlen ausdrücken können, schildert Michael Georg Conrad in seinem historischen Roman „Die Beichte des Narren" von 1890 die Situation an einem der vielen Mühlbäche im Lehel: *„Ungesund ist´s auch, hier am Mühlbach, eine faule, stinkige Luft im Hochsommer. Alle Aborte, von*

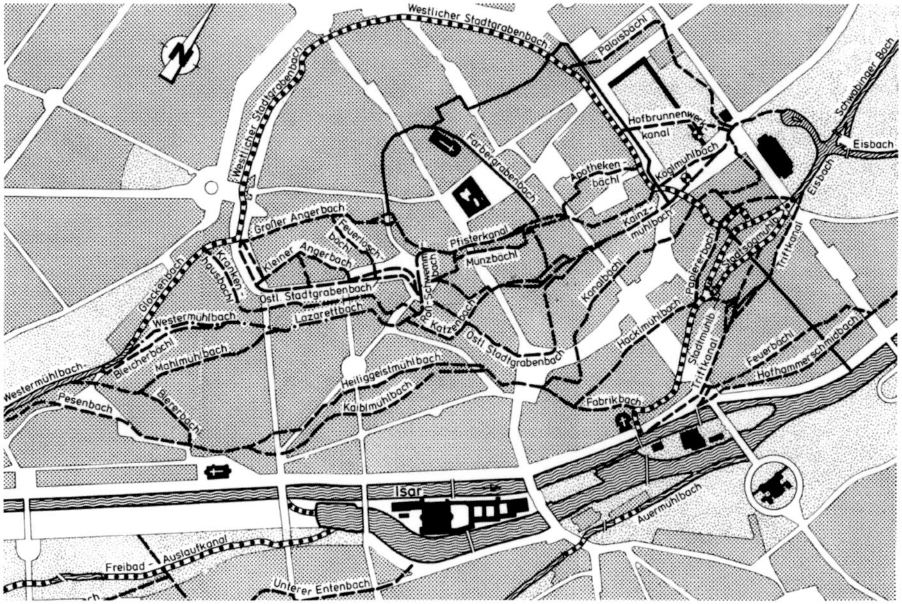

Stadtbäche im 19. Jahrhundert

Der Hofhammerschmiedbach diente nicht nur zum Antrieb einer Hammerschmiede, sondern auch zur Abwasser- und Fäkalienentsorgung. Foto von 1895

49 Quelle: Ausstellungskatalog „Die Isar. Ein Lebenslauf".

Der Pfisterbach 1890 und bei seiner Überwölbung 1908 – heute Sparkassenstraße

Baracke zu Baracke, hängen links und rechts über den Mühlbach, und der Bach hat zu Zeiten nicht handtief Wasser. Das ist vielleicht malerisch, diese hängenden Bretterhüttchen über dem seichten Bach. Erinnert vielleicht auch als Vedute an gewisse Kanäle von Venedig. Jedenfalls aber ist es nicht gesund."

Zur Versorgung all dieser Mühlbäche war bei Thalkirchen eine zentrale Ableitung angelegt worden, der Große Stadtbach. Der teilte sich an der heutigen Ecke Dreimühlen-/Isartalstraße in den Westermühl- und den Pesenbach. Letzterer versorgte die äußeren Stadtbäche vor der damaligen Stadtmauer und wurde um 1900 aufgelassen. Ersterer diente der Versorgung der Bäche in der Altstadt, die als innere Stadtbäche bezeichnet wurden.

Mit dem Bau der unterirdischen Kanalisation gegen Ende des 19. Jahrhunderts und der Aufgabe der Stadtbefestigung war auch das Ende der Stadtbäche eingeläutet. Wegen der gewaltigen Bauvorhaben unter den Königen Ludwig I. und Maximilian II. und dem ständig zunehmenden Verkehr waren die Bäche immer mehr zu einem Hindernis geworden. Sie wurden teilweise überwölbt oder gleich ganz zugeschüttet.

Ihr endgültiges Ende kam jedoch mit dem Wiederaufbau nach dem Zweiten Weltkrieg, mit dem Bau von Ringstraßen, U- und S-Bahnen im Zuge der Vorbereitungen für die Olympischen Spiele 1972.

Von den einst über 100 Stadtbächen ist heute kaum mehr etwas zu sehen. Der Großteil des Wassers des einstigen Großen Stadtbachs, heute Teil des Werkkanals, strömt bereits unterhalb des Südwerks III in der Nähe des Röcklplatzes zurück in die Isar. Nur ein kleiner Teil fließt unterhalb des Kraftwerks an einem Wehr weiter an der Hefner-Alteneck-Straße entlang, unter der Isartalstraße durch und kommt im Hof der großen Wohnanlage an der Wittelsbacherstraße wieder als Westermühlbach zum Vorschein.

Spaziergang am Westermühlbach

Ausgangspunkt ist der Roecklplatz, erreichbar mit der Buslinie 132. Nach einem Blick auf den Bach in der dortigen Wohnanlage, an Stelle der einstigen Rodenstock-Fabrik, kann man dem offenen Bachverlauf für etwa einen Kilometer folgen.

Ein schattiger Fuß- und Radweg führt an ihm entlang, und schon bald erreicht man die Kapuzinerstraße. Weg und Bach führen in einem Tunnel unter ihr hindurch. Zwischen der hohen Backsteinmauer des Südfriedhofs und dem Bach erreichen wir an der Pestalozzistraße 35 sein Ende. Ab hier fließt er unterirdisch im Bett des aufgelassenen Glockenbachs und speist dann den ebenfalls unter der Oberfläche verlaufenden Westlichen Stadtgrabenbach. Dieser umrundet die Altstadt und kommt erst wieder an der Staatskanzlei als Köglmühlbach an die Oberfläche. Anschließend trägt er zur Versorgung der Bäche des Englischen Gartens bei.

Wir aber sollten zur Abrundung des Spaziergangs der Pestalozzistraße noch ein Stück folgen, bis wir an den Eingang des unter Denkmalschutz stehenden Südfriedhofs gelangen. 1563 außerhalb der Stadt als Pestfriedhof angelegt, wurde er Ende des 18. Jahrhunderts zu ihrem Hauptfriedhof.

In den alten Grabsteinen und Mausoleen spiegelt sich auch die Geschichte der Stadt: Neben bombastischen Grabstätten der großen Brauereidynastien findet man bescheidene Gräber von Bürgern wie das des Malers Carl Spitzweg.

Ehemalige Mühlen an den Stadtbächen

Mit dem Niedergang der Bäche war schrittweise auch das Ende der Mühlen gekommen.

Franz Schiermeier führt in seinem Buch „Münchner Stadtbäche" in einem eigenen Kapitel 39 nachgewiesene ehemalige Mühlen an den Stadtbächen auf. Wenn man bedenkt, dass in dieser Aufzählung viele historische Mühlen fehlen, über die sich keine Zeugnisse erhalten haben, dann verdeutlicht das die Bedeutung der Mühlen für die Stadt.

Heute gibt es in München keine einzige mit Wasserkraft betriebene Mühle mehr. Als letzte Getreidemühle stellte 2007 die Kraemer´sche Kunstmühle am Auer Mühlbach den Betrieb ein.

Eine alte Mahlmühle existiert heute noch mitten in der Innenstadt an der Neuturmstraße 3, mittlerweile allerdings elektrisch betrieben. Schon im 16. Jahrhundert gab es hier eine „königliche Malzmühle", die vom Malzmühlbach angetrieben wurde. Erst 1967 wurde das Mühlrad abgebaut und die zur Kunstmühle aufgerüstete Mühle elektrifiziert. In der Mühle gibt es heute einen Mehlladen und eine Backstube.

Während man im letzten Jahrhundert nicht genug Stadtbäche stilllegen oder zuschütten konnte, überlegt man heute, wo man eventuell noch ein Stückchen eines Stadtbachs freilegen könnte.

Dem stehen jedoch erhebliche Probleme entgegen. Trotzdem lohnt es sich, über vorhandene Möglichkeiten nachzudenken, auch wenn es nur kleine Schritte sind. Im Schlusskapitel „Ausblick" finden sich hierzu einige Überlegungen.

Ein besonderes Ereignis für die Kinder war die alljährliche Bachauskehr. Mancher „Schatz" wurde da zutage gefördert. Foto 1905, Quellenstraße

Auer Mühlbach I – Von der Marienklause zur Kraemer´schen Kunstmühle

Lange vor der ersten Erwähnung Münchens, im Jahre 957, ist eine Mühle zu *Kiesingenum* an einem rechten Isararm, gegenüber der Stadt, dem später so genannten Auer Mühlbach, nachgewiesen. Sie stand etwa an der Stelle des heutigen Kleinkraftwerks Bäckermühle an der Untergiesinger Lohstraße.

Dieser Isararm hatte für die Orte Harlaching, Giesing, Lohe, Au eine ähnliche Bedeutung wie der Große Stadtbach für München.

Er zweigte etwa am südlichen Ende des heutigen Tierparks ab. Ende des 18. Jahrhunderts bekam der Bach, der in seinem Anfangsteil Harlachinger- und danach Auer Mühlbach hieß und ursprünglich direkt unter dem Isarhochufer verlief, seinen neuen, heutigen Verlauf weiter westlich.[50]

Mit dem Bau und der Verlängerung des Isar-Werkkanals kurz nach 1900, der nun einen Großteil des Isarwassers beanspruchte, wäre für die Mühlen am Mühlbach bei Niedrigwasser keine gleichbleibende Versorgung mehr gewährleistet gewesen. Deshalb leitete man das Wasser des Mühlbachs nicht mehr von der Isar, sondern vom Kanal ab und führte es in einem mannshohen Düker unter der Isar hindurch.

50 Siehe auch das Kapitel über Harlaching.

Am alten Schleusenwärterhaus am Südende des Tierparks tritt der Bach wieder zutage und bildet auf dem Tierparkgelände ein vernetztes Gewässersystem, das von 24 Brücken überspannt wird. Seine teilweise sich seeartig ausweitenden Verästelungen schaffen viele Biotope, die den verschiedensten Tieren als Lebensraum dienen, vielfach aber auch als natürlicher Zaunersatz fungieren.

Bei Siebenbrunn verlassen der Bach und noch zwei kleinere Gewässer den Tierpark. Es handelt sich um den Aubach, einen Ableger des Auer Mühlbachs (Näheres zu diesem Bach im Kapitel „Die südlichen Isarauen".) und das Siebenbrunner Bächl.

Im Hintergrund an der Marienklausenbrücke die Ableitung des Auer Mühlbachs vom Werkkanal

Das Siebenbrunner Bächl entspringt als kleines Rinnsal auf dem Tierparkgelände, fließt am Fuße des Harlachinger Berges unter der Siebenbrunner Straße hindurch und entwickelt sich erst allmählich bei der Gaststätte Siebenbrunn zu einem Bächlein mit einem schmalen biotopartigen Uferstreifen, hart am Rande eines Parkplatzes und demnächst möglicherweise eines Parkhauses.

Sieben Quellen sollen es einmal gewesen sein, von denen

Am Siebenbrunner Bächl

es gespeist wurde und die ihm die Bezeichnung Siebenbrunner Bächl eintrugen. Einige der Quellen sind noch am Hang auszumachen. Das idyllische Bächlein, das auch als Harlachinger Quellbach bezeichnet wird, mündet bereits nach einem Lauf von nur 760 Metern wieder in den Auer Mühlbach.

Das Anwesen Siebenbrunn, hinter dem das Bächlein vorbeifließt, hat eine wechselvolle Geschichte. 1732 schenkte Kurfürst Karl Albrecht seinem Obristjägermeister Baron Preysing 60 Tagwerk öden Grundes jenseits der Birkenleiten zur Gewinnung von Heu für seine Dienstpferde. 1743 wurde das Gut Siebenbrunn zu einem Edelsitz erhoben und 1786 von einem späteren Besitzer durch einen Neubau ersetzt, den „Sitz Siebenbrunn”.

Auf einem Plan von Adrian von Riedl von 1802 im Kapitel über Harlaching sieht man dieses Schloss mit der Bezeichnung „Hellebrun” in der Gemarkung Siebenbrunn.

Im 19. Jahrhundert war das Anwesen noch im Besitz von verschiedenen Adeligen, die eine Ausflugswirtschaft betrieben, bevor es 1890 ein Unternehmer erwarb, der dort Stiefel und San-

Gasthaus Siebenbrunn 1926

Gasthaus Siebenbrunn 2017

Die Kraemermühle um 1910

Kraemermühle mit Turbinenhaus im Vordergrund

dalen produzieren ließ. Das Rohmaterial bezog er vermutlich von der großen Lederfabrik an der Lohstraße.

1905 wurde es erneut zum Gasthaus, das im letzten Krieg weitgehend zerstört und 1952 wieder aufgebaut wurde. Seitdem wird die Wirtschaft mit einem großen Garten am Rande des Parkplatzes von ständig neuen Pächtern mit wechselndem Erfolg betrieben.

Ein schattiger Spazierweg führt von der Gaststätte Siebenbrunn zwischen Siebenbrunner Bächl und Auer Mühlbach bis zu dessen Mündung und von dort auf der linken Seite des Mühlbachs weiter.

Vorbei an Schrebergärten, gelangt man nach wenigen hundert Metern zum 2230 Quadratmeter großen Gelände der Kraemer´schen Kunstmühle. Diese Getreidemühle im Besitz der Familie Kraemer, in der einmal täglich 160 Tonnen Getreide verarbeitet wurden, Nachfolgerin einer 1701 gegründeten Papiermühle, stellte erst 2007 den Betrieb ein.

Nachdem die Mühle im Krieg einen Totalschaden erlitten hatte, wurde sie mit einem weithin sichtbaren Siloturm, der zu ihrem „Wahrzeichen" wurde, neu errichtet. Nach Einstellung des Mühlenbetriebs wurde dieser ab 2007 abgetragen und durch einen niedrigeren ersetzt, in dem sich eine Kindertagesstätte und Büroräume befinden. Im Parterre des anschließenden neu erbauten Hauptgebäudes hatte sich bereits 2008 die Kaffeerösterei Fausto niedergelassen, von der nach dem Umbau seit 2011 ein Café betrieben wird, in dem man sich auch mit verschiedenen dort gebrannten Kaffeesorten versorgen kann.

Bei schönem Wetter lädt eine Terrasse mit Sitzstufen dazu ein, die bei Kennern geschätzten Kaffeespezialitäten, einen Kuchen oder auch einen kleinen Imbiss zu sich zu nehmen. Sonn- und Feiertags ist das Café jedoch geschlossen.

Das Gelände wird von einem Bächlein, dem Kunstmühlnebenbach, einer Abzweigung des Mühlbachs, umflossen. Es diente wohl dazu, bei hohem Wasserstand des Mühlbachs oder bei Reparaturarbeiten am Mühlrad das Wasser um die Mühle herumzuleiten.

Auer Mühlbach II – An der Birkenleiten

Nach der Kraemermühle beginnt eine Straße mit dem schönen Namen Birkenleiten, die auch heute noch teilweise von Birken gesäumt ist. Jeder, der zum ersten Mal hierher kommt, reibt sich vermutlich die Augen: Was ist denn das? Ein noch unbekanntes König-Ludwig-Schloss? Eine Kirche? Ein orientalischer Bau? Nein, es handelt sich um das *„Trinitarion des orientalisch-orthodox-katholischen und kreuzritterlichen Chor- und Hospitaliter-Ordens der Templer e.V.“.*

Was sich so kompliziert anhört, sind zwei getrennte Organisationen, die vom selben Personenkreis getragen werden: Das ist zum ersten der Hauptsitz der Templer-Ordensgemeinschaft in Deutschland, eine Neugründung von 1932, und zum zweiten das 1974 gegründete „Trinitarion der Templer e. V.“, eine gemeinnützige Organisation zur Betreuung und Unterstützung notleidender Bürger. Jeden Nachmittag kann man eine lange Schlange von Bedürftigen auf die Öffnung des Gittertors zur Lebensmittelausgabe warten sehen.

Die Bezeichnung der Ordensgemeinschaft geht auf die Tempelritter, einen geistlichen Ritterorden wie die Johanniter, zurück. Dieser wurde 1118 nach dem ersten Kreuzzug gegründet, aber schon 1312 von Papst Clemens V. aufgelöst und 1314 der letzte Großmeister des Ordens auf dem Scheiterhaufen verbrannt.

Ab dem 18. Jahrhundert kam es dann zu einer Templer-Renaissance. Um die Geschichte des Ordens ranken sich sehr viele Gerüchte, die auf jeden Fall nichts mit dem jetzigen Orden zu tun haben, der sich nach den Worten des gegenwärtigen Abtes Augustinus stärker nach außen hin öffnen will[51].

Das heutige Gebäude mit dem nachträglich hinzugefügten 87 Meter hohen Kirchturm entwickelte sich schrittweise aus einem 1880 entstandenen Schlösschen des Hofgoldschmieds Karl Winterhalter im altdeutschen Stil, der späteren Villa des Unternehmers Ungerer.

Im Konvent leben und arbeiten heute nach Auskunft des Abtes Männer und Frauen zusammen, verheiratete und unverheiratete. *„Der Zölibat ist für uns nicht maßgeblich, ein Großteil der Apostel war verheiratet“,* fährt er fort und fügt hinzu, Ehe oder Ehelosigkeit sei *„keine Frage des Glaubens“.*

Wenn man heute durch die Birkenleiten bis zum Mittleren Ring spaziert, dann fällt einem bald nach den Templern ein schmuckes einstöckiges Wohnhaus mit der Hausnummer 15 auf, das noch deutlich als ehemaliges Schlösschen erkennbar ist.

Auf einer Internetseite des „Team Auer Mühlbach“ er-

51 Süddeutsche Zeitung vom 7.12.2015

Kloster und Kirche der Templer

Die Villa Ungerer von der Rückseite 1917

fährt man nicht nur die Geschichte dieses Schlösschens, sondern auch die des sich bis nach dem Krieg anschließenden Industriegebiets.

„Kurfürst Karl Albrecht schenkte anno 1728 seinem Kammerdiener Gregori Lachermayr dreißig Tagwerk Grund zur Umwandlung in Wiesen- und Feldgrund. Das darauf befindliche Schlösschen wurde von Truchseß Winkelsperg errichtet und zum ›Edelsitz Birkenleiten‹ erhoben. Neben dem Schlösschen stand bis zum Jahr 1957 eine Fabrikanlage, die als Baumwollspinnerei in der Mitte des letzten Jahrhunderts in den Stallgebäuden des Schlosses begann. Anschließend betrieben die Gebrüder Ungerer ab dem Jahr 1875 eine Werkzeugmaschinenfabrik, in der komplette Eisenbahnwerkstätten produziert werden konnten. Später verlegte sich die ›Maschinenbaugesellschaft München‹ auf Einrichtungen für Brauereien. Nachdem das Großunternehmen im Jahr 1906 Konkurs anmeldete, bezog die Eisengießerei Zellerer ab dem Jahr 1910 die verwaisten Anlagen. Doch nun formierte sich umweltbewusster Widerstand gegen diese Art der Produktion in den landschaftlich reizvollen ›Birkenleiten‹. Da jedoch die Eisengießerei kriegswichtiges Gerät herstellte, schlug sich die Stadt auf die Seite des Unternehmens. Und so durfte die Firma bis Kriegsende produzieren. Doch noch bevor ein einziges Rüstungsprodukt die Gießerei verlassen hatte, musste der Betrieb Konkurs anmelden. Dafür zog im Jahr 1923 - für über drei Jahrzehnte - die Metallätzerei Demmel ein. Versuche der Stadt, die störenden Betriebe umzusiedeln bzw. aufzukaufen und abzureißen schlugen fehl. Der endgültige Abriss der Unternehmen erfolgte erst im Jahr 1957, beim Bau des ›Mittleren Ringes‹".

Das Industriegebiet Birkenleiten 5 bis13 um 1908

Auer Mühlbach III – Die Lohe und „Kleinvenedig"

Zwischen dem Mittleren Ring und dem Giesinger Berg floss der Auer Mühlbach bis 1814 durch die selbständige Ortschaft Lohe, die heute in dem Straßennamen Lohstraße[52] weiterlebt.

Zwischen den beiden Spuren des Mittleren Rings liegt an der Lohstraße 72 die private Bäckermühle, ein 1987/88 erbautes kleines Wasserkraftwerk.

Hier stand nachweislich bereits 957 die wohl älteste Mühle im Münchner Raum, eine Getreidemühle, die nach einem ihrer späteren Besitzer Schrafnagelmühle genannt wurde. Die erwarb 1837 der Bankier Arnold von Eichthal für seinen Bruder Simon, der 1853 die Konzession für eine so genannte Kunstmühle, also eine Getreidemühle auf dem neuesten technischen Stand, erhielt. Als Bavaria-Kunstmühle wurde sie 1883 zur zweitgrößten Getreidemühle in München umgebaut und gelangte 1894 in den Besitz der Münchner Bäckerinnung.

Im Zusammenhang mit dem Bau des Mittleren Rings in den 1960er Jahren wurde das imposante dreistöckige Gebäude abgerissen und durch ein ziemlich abweisendes Bürogebäude ersetzt. An Stelle des ehemaligen Turbinenhauses entstand das heutige Kleinkraftwerk.

Unmittelbar nach dem Mittleren Ring erfreut sich seit Jahren der Jugendtreff „Akku" großer Beliebtheit. Mit ihm hat ein jahrelang leerstehendes Haus eine sinnvolle Nutzung gefunden.

Einst war die Lohstraße ein von Kleinhäusern gesäumtes Sträßchen unterhalb des Isarhochufers. Heute erinnert nur noch ein öffentlicher Brunnen, der früher für die Wasserversorgung der Bewohner sorgte, an die Zeit vor dem Zweiten Weltkrieg. Von der einst dichten Bebauung sind nur wenige Häuser erhalten, die teilweise sehr unsensibel renoviert, manche auch neu gebaut wurden.

Der Mühlbach entfernt sich seit Anfang des 19. Jahrhunderts schon bald in einem großen Bogen von der Lohstraße. Als 1808 der schon von der Bäckermühle bekannte Arnold von Eichthal hier eine Lederfabrik errichtete, wurde für den hohen Wasserverbrauch, insbesondere der Gerbereien, ein Stichkanal vom Mühlbach angelegt, der

52 Der Name Lohstraße hat übrigens nichts mit der Gerberlohe zu tun, sondern bedeutet so viel wie eine feuchte Niederung.

Die Bäcker-Kunstmühle um 1910

Das Kleinkraftwerk Bäckermühle heute

später zum Bett des Auer Mühlbachs wurde, als die Fabrik 1930 ihren Betrieb einstellte.

Ihre Schließung hatte auch damit zu tun, dass die Lederherstellung, insbesondere durch ihre Geruchsbelästigung, zu einer Zumutung für die ganze Gegend geworden war. Dabei war die Fabrik auf dem zehn Hektar großen Gelände zwischen Loh- und Pilgersheimerstraße im 19. Jahrhundert einer der größten Arbeitgeber Münchens und verarbeitete jährlich 60.000 Rinder- und 15.000 Schweinehäute. Eine Gerberstatue an der Waldeckstraße erinnert noch an diese Zeit.

Kurz vor der Straße auf den Giesinger Berg hat sich am Bach an der Mondstraße ein idyllisches

Die Lederfabrik 1917

Die Lohstraße um 1910

Am Mühlbach 4, Foto um 2012

Ensemble erhalten, das manchmal etwas übertrieben als Münchens „Klein-Venedig" bezeichnet wird.

Ganz in der Nähe lohnt sich ein Blick auf eines der am liebevollsten restaurierten Herbergshäuschen Untergiesings mit der Adresse „Am Mühlbach 4".

Der Mühlbach verschwindet hier im Untergrund und taucht erst jenseits des Kolumbusplatzes an der Dollmann- und Schwalbenstraße wieder auf.

Der **Kolumbusplatz** (Haltestelle der U1 und U2) ist der ideale Ausgangspunkt für Entdeckungen rund um den Untergiesinger Auer Mühlbach. Wem der Weg bis zum Tierpark zu lang ist, der kann seine Erkundung jederzeit abbrechen und erreicht nach wenigen Metern eine Haltestelle der Buslinie 52 an der Schönstraße.

„Kleinvenedig" am Auer Mühlbach

Auer Mühlbach IV – Das Neudeck in der Au

Heute ist die Straße „Am Neudeck" ein gerade mal hundert Meter langer Rad- und Fußweg, der an der Ohlmüllerstraße, unterhalb des Nockherberges, beginnt und an der Südostecke des Mariahilfplatzes endet. Begleitet wird er vom Auer Mühlbach. Dieser war, wie viele Stadtbäche, um 1907 überwölbt worden und floss erst hinter den Häusern des Mariahilfplatzes wieder an der Oberfläche.

Am 29. Juni 1988 fasste der Stadtrat jedoch den Beschluss zur Einrichtung eines Fußwegs entlang des Auer Mühlbachs von der Taubenstraße über das Gelände der Paulaner-Brauerei bis zum Ende des Neudecks. Bestandteil dieses Planes war neben einer Fußwegunterführung an der Ohlmüllerstraße eine Freilegung des Auer Mühlbachs am Neudeck. Seit September 2001 fließt nun der Bach hier wieder offen.

Auch die Unterführung der Ohlmüllerstraße existiert seit dieser Zeit. Der Fußweg über das Paulaner-Gelände kam allerdings bis heute auf Grund des Widerstands der Brauerei nicht zustande. Das müsste sich mit der gegenwärtigen Neu-Bebauung des Geländes ändern. Spaziergänger (und Radfahrer?) sollten nach Abschluss der Bauarbeiten dem Mühlbach über das ehemalige Paulanergelände,

Der wieder freigelegte Auer Mühlbach am Neudeck

unter der Ohlmüllerstraße hindurch, bis zum Neudeck unbehindert folgen können.

Von dort ab verläuft der Bach hinter der östlichen Bebauung des Mariahilfplatzes. Einer Verlängerung des Rad-/Fußwegs am Bach entlang über das Gelände der Armen Schulschwestern bis zur bereits hergestellten Unterführung am Gebsattelberg widersetzen sich diese aber bis heute.

Ursprünglich bezeichnete der Name Neudeck, bzw. Neydeck, der 1532 zum ersten Mal urkundlich erwähnt ist, einen größeren, nicht genau bezeichneten Bereich, der sich eventuell bis zum Kegelhof an der Quellenstraße erstreckte.

Die frühe Geschichte der Gegend liegt jedoch weitgehend im Dunkeln. Seit dem 15. Jahrhundert legten hier zwischen Auer Mühlbach und Isarhang Münchner Bürger parkartige Gärten an, die durch ihre Pracht eine gewisse Berühmtheit erlangten.

Ein herzogliches Jagdschlösschen Wilhelms IV. (1511-1550) wurde jedoch erst gegen Ende des 16. Jahrhunderts von seinem Sohn Wilhelm V. (1548-1597) unter Einbeziehung des Isarhanges ausgebaut. In die herzoglichen wurden auch die einst bürgerlichen Gärten einbezogen. Den Bach verlegte man nun weg vom Hangfuß weiter nach Westen. Doch bereits unter

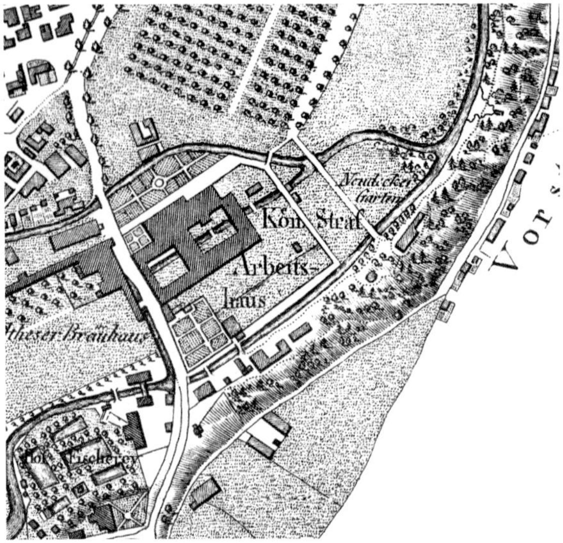

Ausschnitt aus einem Plan von 1812

Links das Brunnhaus, vorne der Neudecker Garten und dahinter das Zuchthaus. Aufnahme von 1900

seinem Sohn Herzog Ferdinand, der 1597 neben dem Neudecker Garten ein Hofbrunnhaus errichten ließ, wurden die Gebäude kaum noch genutzt und verfielen immer mehr.

Ab 1660 traten dann die Wittelsbacher einen Teil des Gartens auf der linken Bachseite an die Paulaner zum Bau eines Klosters ab. Bereits 1625 hatten diese dort eine dem Hl. Borromäus geweihte Kirche errichtet. Aus dem höfischen Lustgarten wurde ein Nutzgarten für die Hofküche.

Die Schlossgebäude dienten Anfang des 18. Jahrhunderts noch als Ausweichquartier des Armenhauses, bis sich Max III. Josef (1727-1777) für die Porzellanherstellung begeistern ließ und dafür Teile des Schlosses zur Verfügung stellte. Der Ursprung des später weltberühmten Nymphenburger Porzellans liegt also in der Au.

Mit der Säkularisation (1802/03) und der Aufhebung des Paulanerklosters kam es zu einer Umstrukturierung des gesamten Geländes. Die Klostergebäude wurden zunächst als Lazarett und ab 1807 als Strafarbeitshaus genutzt. Ziel dieser „Besserungsanstalt" war die Resozialisierung der Insassen durch sinnvolle Arbeit. Dazu diente u.a. eine in das Gefängnis integrierte Wollspinnerei und Tuchfabrik.

Nachdem die Häftlinge 1901 ins neu errichtete „Zuchthaus" Straubing verlegt worden waren, riss man die Gebäude ab. Die Steine verwendete man zum Teil für Anbauten umliegender Herbergshäuser, z.B. an der Nockherstraße 7. Zwischen 1902 und 1904 wurde auch die Kirche abgetragen, und es entstand das Amtsgericht, dessen Turm noch heute das Erscheinungsbild des ganzen Komplexes prägt.

Nach dem Krieg wurde daraus, durch Neubauten ergänzt, das Landratsamt.

Zwischen 1902 und 1904 errichtete man auf dem Gelände davor, parallel zum Bach, das heutige Gefängnisgebäude.

Als Zuchthaus erlangte es im Nationalsozialismus traurige Berühmtheit, als dort politische Gegner in „Schutzhaft" genommen wurden. Auch Alexander Schmorell und Kurt Huber waren bis zu ihrem Prozess vor dem Volksgerichtshof hier untergebracht.

Von 1945 bis 2007 diente das Gebäude dem Frauen- und Jugend-Strafvollzug.

Seitenschiff der Borromäus-Kirche 1900

Vorne das Brunnhaus von 1597, dahinter der alte Neudecker Garten mit Nebengebäuden. Foto 1904

Die Nutzung des einst herzoglichen Besitzes am Auer Mühlbach zu Anfang des 19. Jahrhunderts lässt sich gut auf vorstehendem Plan von 1812 erkennen. Gleich neben der Straße auf den Nockherberg, der heutigen Ohlmüllerstraße, auf der linken Mühlbachseite, sieht man einen Teil der ehemaligen Hoffischerei mit sechs Weihern[53], und in der Nordost-Ecke die beliebte Gaststätte „Neudecker Garten" auf dem Gelände der ehemaligen Hofgärtnerei und daneben das alte Brunnhaus.

Auf der anderen Bachseite sieht man Reste des ehemaligen Schlosses. Geblieben ist nach den Zerstörungen des Zweiten Weltkriegs neben dem Gefängnisgebäude lediglich ein heute intensiv blau gestrichenes Haus, das von einer sozialen Einrichtung für Jugendliche genutzt wird.

Vielen Münchnern ist die Adresse Am Neudeck erst seit den Umzugsplänen des dortigen Frauengefängnisses vor 12 Jahren ein Begriff.

Die Obdachloseninitiative BISS hätte dort gerne ein Ausbildungshotel eingerichtet, konnte aber nicht mit dem Angebot eines privaten Investors mithalten. Der bezahlte dem Freistaat 2011 geschätzte 16 Millionen Euro für das Gefängnisgebäude und das angrenzende unbebaute Grundstück, das bis zur Ohlmüllerstraße reicht. Seit 2009 steht das Gebäude nun leer.

Der Fortgang der Geschichte entspricht einem nicht unbekannten Muster: Der Käufer reichte das Objekt an einen neuen Investor weiter, der dort Apartments für Kapitalanleger plant. Der versucht nun, das Baurecht und den Denkmalschutz bis an die Grenzen auszuloten. Er kommt dabei mit seinen Plänen dem angrenzenden Landratsamt in die Quere. Es wird prozessiert, man einigt sich, und im Juli 2017 wird das Objekt unter dem Motto „Anspruchsvolles Wohnen am Auer Mühlbach" beworben. Aus den Gefängniszellen sollen „denkmalgeschützte Wohnungen" werden.

Statt eines sozialen Projekts also ein weiterer Schritt zur Gentrifizierung der Au[54].

53 Eine weitere Anlage befand sich auf der anderen Seite der Ohlmüllerstraße, an der Nockherstraße.

54 Das wird noch deutlicher durch das auf der anderen Seite der Ohlmüllerstraße entstehende Wohnviertel „Am alten Eiswerk" auf dem ehemaligen Gelände der Paulaner-Brauerei mit Kaufpreisen von durchschnittlich 12.000 Euro pro Quadratmeter.

Auer Mühlbach V – Von der Quellenstraße zur Mündung

„Läuft längs des Auermühlbachs von dem Lilienberge bis zum Neudeck. Sie wird nach den vielen am rechten Isarufer aus dem sogenannten Lilienberge hervorsprudelnden, sämtlich gefassten Quellen bezeichnet. Bis 10. Juli, resp. 1. September 1857 hieß sie ›Bachgasse‹ und ›Fischergasse‹." So Rambaldi 1894 über die Quellenstraße.

Bis auf das Mietshaus Nr. 44 des ehemaligen „Winkelkramers" neben dem Hochbunker Nr. 42 am Anfang der Straße ist der Fußgänger- und Radweg auf der Hangseite heute unbebaut. Der Hang, an dem noch zwei der einstigen Quellen sprudeln, ist bewaldet.

Die Herbergsviertel jenseits des Baches um den Kegelhof mit Münchens erster Papiermühle von 1331 (1862 nach Dachau verlegt) und um den Paulanerplatz wurden im Krieg weitgehend zerstört, danach mit einfachen Wohnblocks bebaut. Diese wertete man in den letzten Jahren durch Balkone und Grünanlagen erheblich auf.

So fantasievoll bemalt war der Hochbunker, bis er den heutigen ochsenblutfarbenen Anstrich erhielt.

Rad-/Fußweg an der Quellenstraße

Aus den Resten der Kegelmühle, die von Kleingewerbe genutzt wurden, ist gerade, unter Einbeziehung alter Bestandteile, ein modernes Wohngebäude entstanden.

Kaum vorstellbar, dass der Hang an der Quellenstraße noch bis weit ins 20. Jahrhundert dicht mit Herbergshäusern bebaut war. Diese waren ein beliebtes Fotomotiv für Ansichtskartenserien.

Ein beliebtes Motiv für Maler war der Fischerweg von der Quellen- zur Hochstraße. Gemälde von Ludwig Meier 1932

Abriss der Herbergsanwesen 13 und 14 im Jahr 1934

Doch schon nach der Jahrhundertwende ging die Stadt dazu über, die alten, nicht mehr zeitgemäß erscheinenden Herbergshäuser aufzukaufen und abzureißen.

1959 wurden dann die letzten der dortigen Herbergshäuser, die den Krieg überstanden hatten, zum Abbruch freigegeben. Hierzu die Münchner Stadtchronik von 1959: *„Ein unersetzliches Stück Alt-München ist in Gefahr! Die letzten romantischen Häuser an der Quellenstraße sind von der Spitzhacke der Abbrucharbeiter bedroht. Mit ihnen würde auch der kümmerliche Rest, den die Bomben von der Auer Vorstadt übrig ließen, aus dem Stadtbild verschwinden."*

Geblieben ist der Auer Mühlbach, der nach der Quellenstraße den Anfang der Rosenheimer Straße unterquert und auf der Kalkofeninsel wieder zum Vorschein kommt. Sein dortiger Verlauf bzw. seine Nutzung ist im Kapitel über die Kalkofeninsel dargestellt.

Am Ende dieser Halbinsel fließt er, durch einen befestigten Fußgängersteg von der Kleinen Isar getrennt, auf das Maxwerk zu, die letzten hundert Meter allerdings unterirdisch. Danach mündet er nach den Kaskaden in die Kleine Isar.

Auch ohne die romantischen Herbergshäuser bietet sich die Quellenstraße für einen beschaulichen **Spaziergang** von

Fußgängersteg zwischen Kleiner Isar und Auer Mühlbach

der Ludwigsbrücke zum Mariahilfplatz an. Man biegt dazu am Anfang der Lilienstraße in den Riggauerweg ein.

Wenn man den Mühlbach überquert hat, lohnt sich ein kleiner Abstecher auf den Lilienberg, wo einst ein Benediktinerinnenkloster stand und am Haus Nr. 5 das Wappen des Bezirksamts München, Vorgänger des heutigen Landratsamtes, zu sehen ist.

Zwischen bewaldetem Isarhang und Mühlbach gelangt man schließlich zum Herrgottseck. Dort erwartet einen das Wirtshaus „Auer Hof"[55] mit einem kleinen gemütlichen Wirtsgarten.

55 Wenn es noch so heißt, denn vor zwei Jahren nannte sich das Lokal noch „Schmausefalle", dann „Mühlbacher".

Die Kaskaden der Kleinen Isar beim Maxwerk

Mündung des Auere Mühlbachs in die Isar

Kraftwerkskanäle und Kraftwerke

Bereits 1884 gab es auf der Kalkofeninsel ein städtisches Kraftwerk, das Muffatwerk, das in erster Linie für die Versorgung der neuen elektrischen Straßenbahn und Straßenbeleuchtung notwendig geworden war. Zum Betrieb dieses kombinierten Dampf- und Wasserkraftwerks wurde das Wasser des dortigen Auer Mühlbachs genutzt. Die Kohle wurde mit Flößen angeliefert. (Siehe das Kapitel über die Kalkofeninsel.)

Zu diesem Zeitpunkt war allerdings schon klar, dass dies nur ein Anfang sein konnte und man weitere Wasserkraftwerke benötigen würde, um den Energiebedarf der wachsenden Großstadt zu befriedigen. Sie sollten im Zusammenhang mit der Isarregulierung im Süden der Stadt entstehen.

Dafür musste man allerdings viele Widerstände, vor allem des Isartalvereins unter seinem Vorsitzenden Gabriel von Seidl, überwinden, der sich um die Schönheit des Isartals durchaus berechtigte Sorgen machte.

Erst um 1900 konnte mit dem Bau eines Isar-Seitenkanals begonnen werden. Heute wird die Isar im Großraum München auf zwei Abschnitten von solch einem Seitenkanal begleitet. Seinen jeweiligen Zufluss kann man durch ein Wehr regulieren und so für einen gleichbleibenden Wasserstand sorgen.

Das bedeutet natürlich andererseits, dass im Fluss nur die Wassermenge verbleibt, die nicht für die Stromerzeugung gebraucht wird. (Diese so genannte Restwassermenge führt immer wieder zu Differenzen zwischen den Kraftwerksbetreibern einerseits und Naturschutz- und Fischereivereinen andererseits.)

Der erste dieser Seitenkanäle, der Mühltalkanal, zweigt unterhalb von Icking in der Pupplinger Au ab und versorgt das Uniper-Kraftwerk Mühltal. Er wird auch von den Flößen befahren, die dort, beim Gasthof „Zur Mühle", auf einer spektakulären Floßrutsche auf das Niveau der Isar hinabschießen. Etwa zwei Kilometer danach vereinigt er sich wieder mit dem Fluss.

Doch unterhalb von Buchenhain beginnt an einem begehbaren, überdachten Wehr ein erneuter Kraftwerkskanal, der die Isar nun auf der Westseite begleitet, über weite Strecken nur durch einen Damm von ihr getrennt. An ihm liegen zwei Kraftwerke der Uniper, unterhalb von Höllriegelskreuth und Pullach, und drei der Stadtwerke München.

Die Wasserverteilung zwischen Isar und Kanal für die drei städtischen Kraftwerke kann zusätzlich durch eine Wehranlage bei Großhesselohe südlich der dortigen Eisenbahnbrücke reguliert werden.

Großhesseloher Wehr mit einem Durchlass für die Flöße

Der Werkkanal in Hinterbrühl beim Flößerdenkmal

Südwerk 1, erbaut 1908

Südwerk 2, erbaut 1923

Dass Kanäle zwar in erster Linie wirtschaftlichen Interessen dienen, aber deshalb keine öden Betonrinnen sein müssen, zeigt das vorherige Bild von einem Kanalabschnitt, für den die Stadtwerke München verantwortlich sind.

Südwerk 3, erbaut 1923

Das älteste dieser drei Kraftwerke, das so genannte Südwerk 1, befindet sich an der nördlichen Spitze des Hinterbrühler Sees, weitgehend versteckt hinter Gebüsch und Bäumen.

Den besten Blick auf das Südwerk 2 hat man von der Schinderbrücke über den Werkkanal, hundert Meter nach dem Flauchersteg.

Man erreicht sie auch auf dem Weg von der U-Bahn-Station Thalkirchen zur Flaucher-Wirtschaft.

Von hier ab benützt der dicht mit Bäumen bewachsene Kanal das Bett des ehemaligen Großen Stadtbaches und begrenzt im Westen die Flaucherinsel.

Kurz vor der Braunauer Eisenbahnbrücke stellt der filigrane Thomasteg eine Verbindung ins Schlachthofviertel her.

Anschließend weitet sich der Stadtbach aus zu einem großen betonierten Becken vor dem Südwerk 3.

Danach vereinigt sich der Kraftwerkskanal bzw. der Große Stadtbach wieder mit dem Hauptfluss.

Angesichts der heutigen Zweckbauten staunt man, wieviel Gestaltungswillen damalige Architekten für diese Zweckbauten aufgewendet haben. Zu Recht stehen sie – technisch hochgerüstet, aber nach außen weitgehend unverändert – unter Denkmalschutz.

(Ein weiterer Kraftwerkskanal zweigt im Norden, am Oberföhringer Wehr ab. Sein Anfangsverlauf ist in der Radtour zu unbekannten (Isar)-Gewässern beschrieben.)

Die Schlosskanäle von Nymphenburg und Schleißheim

Wasser spielte für Kurfürst Max Emanuel II. von Bayern (1678-1726) bei der Gestaltung seiner Schlossanlagen eine entscheidende Rolle, Wasser, das ihnen von Würm und Isar zugeleitet wurde.

Außerdem hatte er ein Faible für Schiffe, was mit seiner Zeit als Statthalter von Holland zu tun haben mag. Jedenfalls waren die künstlichen Seen und Kanäle teilweise auch schiffbar, wie uns das Gemälde von Canaletto zeigt.

***

Die Parkanlagen von **Schloss Schleißheim** werden von zwei Kanälen versorgt: einem Kanal aus der Würm und dem **Schleißheimer Kanal**, der vom Schwabinger Bach abzweigt, indirekt also von der Isar.

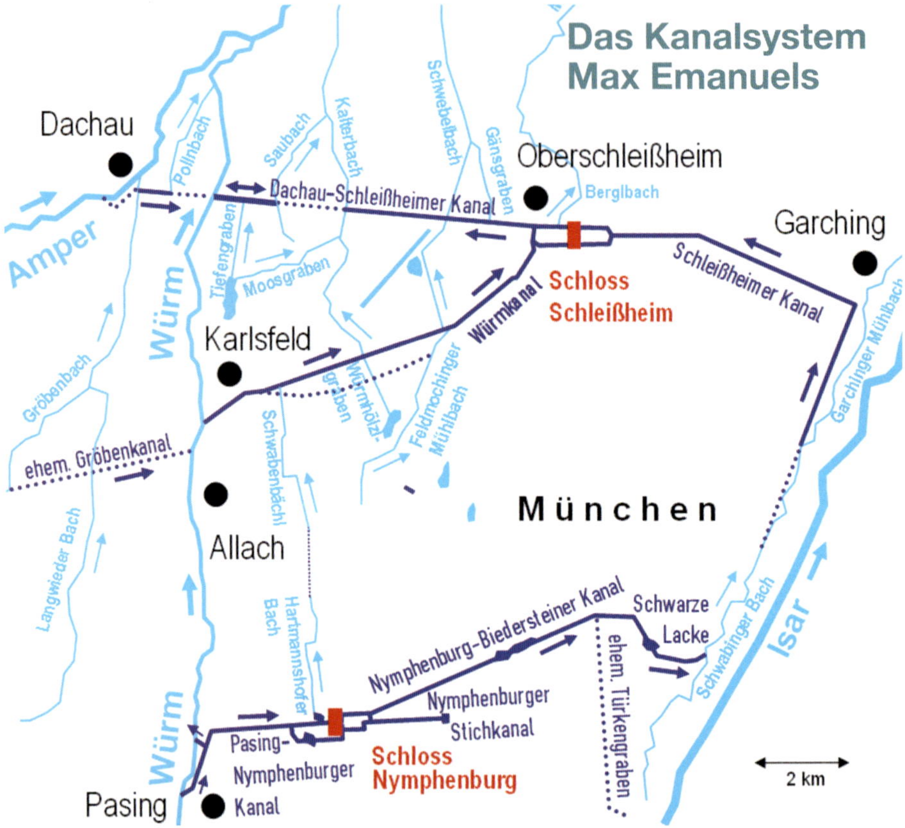

Am Schleißheimer Kanal

Er fließt weitgehend durch freie Natur und eignet sich deshalb für eine **Fahrradtour** bis zum Schloss. Hierzu kommt man auf dem linksseitigen Isarradweg nach Unterquerung der A99 zum Forstweg „Furtgeräumt" mit der Beschilderung Oberschleißheim. Im dichten Auwald überquert man Schwabinger Bach und Garchinger Mühlbach und stößt auf den Kanal, dem man ein Stück entlangfährt.

Dem Wegweiser folgend, überquert man in Dirnismaning die B11 (Freisinger Landstraße) und kurz darauf die Autobahn. Nach einer Rechtsabzweigung erreicht man wieder den Kanal und gelangt neben ihm zur Schlossmauer. Nach zwei Kilometern ist man dann am Haupteingang mit Schlosswirtschaft und Biergarten.

Für den Rückweg kann man, wenn man nicht denselben Weg fahren oder die S1 vom nahegelegenen S-Bahnhof Oberscheißheim benützen will, der Radwegbeschilderung „Marienplatz" durch die Stadtteile Hasenbergl, Harthof und Milbertshofen folgen und stößt im Petuelpark auf den Nymphenburg-Biedersteiner Kanal. (Siehe den folgenden Abschnitt.)

Schloss Nymphenburg 1761, nach einem Gemälde von Canaletto

Auch wenn die Gewässer des **Nymphenburger Parks** durch den Pasing-Nymphenburger Kanal ausschließlich aus der Würm gespeist werden, sind sie doch für dieses Buch von größerer Bedeutung als die Schleißheimer Gewässer, und zwar aus drei Gründen:

Zum ersten befinden sie sich auf Münchner Gebiet, zum zweiten besteht durch den **Nymphenburg-Biedersteiner Kanal**, der in den Schwabinger Bach mündet, eine indirekte Verbindung zur Isar, und zum dritten ist dieser ein gutes Beispiel für die Nutzung eines Kleingewässers zur Stadtgestaltung.

Nachdem er den Schlossbereich ganz unauffällig in nordwestlicher Richtung verlassen hat[56], fließt er zunächst durch den Stadtteil Gern, vorbei am Dantebad und nach der Landshuter Allee ins Olympiagelände. Dort ist er in Form von zwei Seen als wesentliches Element in diesen grandiosen Sport- und Erholungspark eingebunden.

56 Nicht zu verwechseln mit einem geradeaus weiterfließenden Stichkanal, dem Schloss- oder Waisenhauskanal.

Schon bald danach verleiht er auch dem ohnehin attraktiven Petuelpark, zu einem naturnah dahinplätschernden Wiesenbach gestaltet, einen zusätzlichen Reiz.

Dieser „modernste" Park Münchens mit Spiel- und Sportmöglichkeiten, einem beliebten Café und originellen Kunstinstallationen wurde 2004 über dem Petueltunnel angelegt.

Nach Verlassen des Parks macht das Bächlein unter der Leopoldstraße einen Schwenk nach Südosten.

Im Olympiapark

Schwabinger See

Petuelpark

Auf dem Areal des ehemaligen Schwabinger Güterbahnhofs bildet es anschließend seit Anfang der 80er Jahre mitten im Wohngebiet um die Berliner Straße den Schwabinger See. Trotz einer Wasserfläche von immerhin 2,7 Hektar ist er selbst vielen Münchnern unbekannt.

Der Kanal durchquert dann das Gelände des Ungererbades und kommt auf der anderen Seite der Ungererstraße, in der Stengelstraße, tief eingeschnitten wieder an die Oberfläche.

Dort, wo er neben der Gaststätte „Brunnwart" vorher in Kaskaden die Geländestufe zum Hochwasserbett der Isar überwand, nützt seit 2009/10 eine so genannte „Wasserkraftschnecke" die Energie des Baches zur Stromerzeugung.

Von hier ab gelangt der Kanal mit der Bezeichnung „Schwarze Lacke"[57], weitgehend auf Privatgrund, in den Schwabinger Bach, wo sich Würm- mit Isarwasser vermischt.

***

Am meisten von sich reden macht allerdings ein Kanal, der eine Verbindung der Schlösser Schleißheim und Nymphenburg mit der Münchner Residenz herstellen sollte, aber nie vollendet wurde. Der so genannte **Schwabinger Kanal** wurde in den Jahren 1702/04 in Teilstücken ausgeführt und auch geflutet.

Meist wird er als **Türkengraben** bezeichnet, weil er einer falschen Überlieferung zufolge von türkischen Kriegsgefangenen aus dem Großen Türkenkrieg ausgehoben wurde.

Zu einer durchgehenden Wasserführung oder gar zu einem Schiffsverkehr zwischen der Münchner Residenz und den Schlössern kam es jedoch nie. Als nämlich 1705 habsburgische Truppen München besetzten und der Kurfürst in die Niederlande fliehen musste, war das Projekt bereits eingestellt – wohl vor allem aus Geldmangel.

Auf einem Stadtplan von 1808 führt der projektierte „Türken-Graben" noch schnurgerade durch ländliches Gebiet bis an die Stadtmauer in der Nähe des heutigen Odeonsplatzes.

Ab 1811 begann man ihn dann schrittweise einzuebnen und auch zu bebauen. Auf einem Stadtplan von 1849 sehen wir an seiner Stelle eine Straße.

Den Verlauf des Kanals markieren heute die Fürsten-, die Nordend-, die Kurfürsten- und die Belgradstraße.

Max Emanuels Traum von Gondelfahrten zwischen seinen Schlössern und der Residenz in München hat sich also nie erfüllt.

Wasserkraftschnecke unterhalb der Gaststätte „Brunnwart"

57 Schwarze Lacke ist eine im Alpenraum häufig anzutreffende Bezeichnung für stehende oder langsam fließende Gewässer, die dunkel aussehen.

Ausblick

Auch wenn die Isar heute ein weitgehend domestizierter Fluss ist, beherrschen kann man ihn nicht. Langfristige Klimaentwicklungen und kurzfristige Wetterereignisse können allen menschlichen Planungen einen Strich durch die Rechnung machen.

In den vergangenen Jahrhunderten war der Umgang der Menschen mit der Isar geprägt von ihrer Beherrschung und Nutzbarmachung. Begradigungen und Dämme verringerten die Gefahren durch Überschwemmungen, schufen sicheres Bauland, führten aber auch zu ökologischen Problemen. Durch Eintiefung des Flussbettes und Senkung des Grundwasserspiegels veränderte sich der Charakter der Auwälder und verschwand der Fluss immer mehr aus dem Blickfeld der Menschen. Immer weitere Eingriffe und die zunehmende Freizeitnutzung führten zu einem Verlust der Artenvielfalt bei Pflanzen und Tieren.

Mit der Renaturierung wurde ein Signal gesetzt für eine gewisse Umkehr. Wie weit diese nicht nur ein Strohfeuer war, wird die Zukunft zeigen. Entscheidungsräger der Stadt und die verchiedensten Isar-Interessenerbände, aber auch das Veralten der Bevölkerung werden das Zukunftsbild unseres Flusses prägen.

Man müsste Prophet sein, um vorauszusehen, wohin die Reise geht. Viele ungeklärte Fragen wurden in vorausgegangenen Kapiteln bereits angesprochen. Was den Fluss selbst betrifft, so scheint die ganze Stadt – ausgelöst durch die Renaturierung – von einem Begeisterungstaumel erfasst zu sein. (Die Stimmen derer, die sich nach der Zeit vor der Renaturierung zurücksehnen, da ihnen der gegenwärtige Trubel zu groß ist, gehen darin unter.)

Der Freizeitraum Isar soll demnächst am östlichen Ufer auch nach Norden fortgesetzt werden. Dem sind allerdings durch natürliche und gestalterische Gegebenheiten enge Grenzen gesetzt. Zwischen Maximilians- und Luitpoldbrücke ist es eine hohe Kaimauer, während das Bogenhauser Ufer von der Max-Josef- bis weit nach der Kennedybrücke durch umgestürzte Bäume und Quelltümpel, die zur Isar hin abfließen, teilweise bereits biotopartige Züge aufweist und keine größeren Eingriffe verträgt. Leider ist der einst schmale Pfad am Ufer trotz eines Betretungsverbots zu einem beliebten Mountainbike-Trail geworden. Die Spuren sind unübersehbar.

Verbessern lässt sich allerdings die Situation für die Wasserbewohner nach dem Muster der Mittleren Isar. In Vertiefungen, die sich hinter eingebrachten Felsen, kleinen Inseln und Totholz bilden, könnten Fische Schutz finden. Das gilt auch für vom Hochwasser angeschwemmte Bäume.

Dem stehen allerdings teilweise die Zielsetzungen des Wasserwirtschaftsamtes entgegen, weil man darin eine mögliche Gefährdung der Brückenbauten bei Hochwasser sieht. Auch für Badende und Bootsfahrer könnten sie ein Risiko darstellen.

Auch in die Uferpromenade zwischen Mittlerem Ring und Stauwehr wird man wohl bis auf eine vorsichtige Auslichtung des Uferbewuchses nicht groß eingreifen wollen und können.

Bleiben eigentlich nur Uferabschnitte auf der gegenüber liegenden Seite, im Bereich des Englischen Gartens zwischen Kennedybrücke und Stauwehr, die sich zugänglich machen und eventuell in die Parkgestaltung einbeziehen ließen. Der beliebte Bereich um die Mündung des Eisbachs könnte dazu anregen.

Grenzen setzt aber auch die Naturschutzgesetzgebung, denn es ist nicht wegzudiskutieren, dass gesteigerte Freizeitnutzung und Natur nur schwer unter einen Hut zu bringen sind. Schließlich befindet sich der gesamte städtische Isarraum im Landschaftsschutzgebiet und unterliegt zusätzlich der Flora-Fauna-Habitat-Richtlinie, die eine Verschlechterung des ökologischen Zustands untersagt.

bbildung links: Östliches Isarufer ischen Bogenhauser- und nnedybrücke: Hier gibt´s nichts zu aturieren und zu nutzen, sondern bewahren und zu schützen.

Will man diese Richtlinien nur als Empfehlungen sehen oder als verpflichtende Vorgaben? Es unterliegt schließlich keinem Zweifel, dass alle Maßnahmen, die den Zugang zum Fluss erleichtern, die Lebensbedingungen der Tiere und Pflanzen im und am Fluss verschlechtern.

Eine zusätzliche Verschlechterung droht der Fauna ohnehin durch die seit Jahren erwartete neue Bade- und Bootsverordnung. Wie aus dem Rathaus verlautete, soll es nach der neuen Ordnung zu einer Umkehrung des bisherigen Prinzips kommen. Was nicht ausdrücklich verboten ist, soll erlaubt sein.

Die versicherungsrechtlichen Haftungsfragen bei Unfällen seien nun geklärt und von da her stehe einer Liberalisierung des Bade- und Bootsbetriebs nichts mehr im Wege.

Was den Badebetrieb betrifft, so ist die Frage, ob Verbotszonen nur aus sicherheitsrelevanten oder auch aus ökologischen Gründen eingerichtet werden, z.B. an der Kleinen Isar, die teilweise (noch) biotopartigen Charakter aufweist.

Immerhin scheint schon klar, wie man die neue Ordnung kommunizieren will: Die Verbote sollen durch ein Beschilderungskonzept mit 530 Verbotshinweisen vermittelt werden. Einen Vorgeschmack von diesem Konzept erhält man durch den Schilderwald zwischen Tierparkbrücke und Marienklausensteg, durch den das Grillen reglementiert werden soll.

Unklar ist jedoch, wie man Übertretungen kontrollieren und gegebenenfalls sanktionieren will – was angesichts der Duldung des jahrelangen ungeordneten Zustands fast unmöglich erscheint, will man nicht die ständige Präsenz von Ordnungshütern in Kauf nehmen. Bleibt letztlich nur die Hoffnung auf Vernunft und Einsicht der Isar-Nutzer.

Könnte da nicht ein immer wieder gefordertes Flussbad eine Entspannung bringen? Nachdem ein solches in der attraktiven Kleinen Isar nicht durchsetzbar ist, bliebe realistischer Weise nur die Große Isar auf der Inselseite zwischen Ludwigsbrücke und Praterwehrbrücke. Doch abgesehen von technischen Problemen stellt sich die entscheidende Frage: Was wäre der Vorteil gegenüber einem der städtischen Freibäder mit allem Komfort und schönen Liegewiesen oder den Wiesen und Kiesbänken an der renaturierten Isar? Das Hauptargument für ein solches Bad scheint zu sein, dass es ein solches auch in anderen Städten gibt. Und da kann München natürlich nicht zurückstehen.

Was den Bootsverkehr betrifft, so stellt er ohne Zweifel das größere Problem dar, denn er lässt sich zum einen nur schwer auf Abschnitte begrenzen und wird sich in der Regel auf eine Art Fahrrinne konzentrieren, die aber zugleich vor allem den größeren Fischen wie dem Huchen als Rückzugsgebiet dient.

Gemessen am Spagat zwischen Freizeitvergnügen und Naturschutz im Fluss und am östlichen Ufer sind Maßnahmen, die das Umfeld der Isar und das stadtseitige Ufer betreffen, eher sekundär.

Auf gestalterische Maßnahmen im Sinne eines besseren Zugangs hat man im Rahmen der Renaturierung im Bereich der Flaucheranlagen weitgehend und an der Wittelsbacherstraße völlig verzichtet, da solche ohne massivste Eingriffe nicht möglich sind.

Auch an den Kaimauern entlang der Erhardt-, Steinsdorf- und Widenmayerstraße wird man nicht rütteln.

Doch verbessern ließe sich die heutige Situation zweifellos. Wenn demnächst die Reparatur der Kaimauern ansteht, ließen sich relativ einfach wieder Aussichtskanzeln oder Balkone – eventuell mit einem Gartencafé überm Fluss – und auch Freitreppen hinunter zum Fluss integrieren. So könnte, sieht man einmal von der durchgehende Bebauung und dem starke Autoverkehr ab, wieder ein äh licher Zustand hergestellt werde wie zur Zeit der „Deutsch-Nati nalen Kunstgewerbeausstellun zwischen 1888 und 1891. (Sie das Kapitel über die Steinsdo straße.)

Wenn sogar in einer Stadt wie Regen im Bayerischen Wald Fontänen im aufgestauten Fluss das Stadtbild bereichern, dann sollte das auch in München möglich sein. Wie gesagt, das alles an der kanalisierten, ökologisch eher bedeutungslosen Großen Isar.

Aber was ist mit Projekten wie dem „Kulturstrand" auf einer Isarinsel, mit einem diskutierten Biergarten am Maxwerk in einer der schönsten Parkanlagen am Fluss, mit einer zusätzlichen Fußgängerbrücke namens Klenzesteg, mit einem Parkhaus in den Isarauen beim Tierpark, mit einem Flussbad in der Kleinen Isar, das vom Verein „Isarlust" heftig propagiert wird?

Will man bei all diesen Entscheidungen nur den zusätzlichen Freizeitwert betrachten oder auch ökologische Überlegungen einbeziehen?

Ein gutes Beispiel, wie ein zunächst ökologisch gedachtes Projekt seinen Charakter verändert, ist die im Rahmen der Renaturierung geschaffene Weideninsel. Das ursprünglich als eine Art Vogelschutzinsel gedachte Inselchen ist längst von Isarromantikern als Badeinsel okkupiert.

Bleiben noch die Nebengewässer der Isar: Vergleichsweise wenig Möglichkeiten bietet das größte, der Auer Mühlbach, da er über weite Strecken zwischen Isarhochufer und Bebauung eingezwängt ist. Die Frage ist allerdings, ob sich sein betoniertes Bachbett und Uferabschnitte in Siebenbrunn nicht ökologischer gestalten ließen.

Ein Paradebeispiel für die Aufwertung eines Kleingewässers, wenn auch nur auf einer kurzen Strecke, bietet das Freibadbächel, das vorher unbeachtet den Rosengarten begrenzte und heute im erweiterten Garten nicht nur eine Zierde, sondern auch ein beliebter Wasser-Spielplatz ist. Ihn zwischen der Stadtgärtnerei und der Reichenbachbrücke, wo er unterirdisch verläuft, wieder an die Oberfläche zu holen, wäre eine große Bereicherung für die Frühlingsanlagen[58], die sich ohnehin bei Familien mit Kindern, besonders für Kindergeburtstage, großer Beliebtheit erfreuen und so ein zusätzliches Highlight bekämen.

Vielen Münchnern ist gar nicht bewusst, dass die Olympiaseen und der Schwabinger See einem Kanal zu verdanken sind, der die Wasseranlagen von Schloss Nymphenburg zur Isar hin entwässert und den modernen Petuelpark beinahe wie ein natürliches Bächlein begleitet. Er wartet noch auf Einfälle, wie man auch seinen schnurgeraden „Oberlauf" zwischen Landshuter Allee und dem Schloss freundlicher gestalten könnte.

Bis ins 19. Jahrhundert war die Altstadt von einem wassergefüllten Stadtgraben umgeben, und Stadtbäche prägten ganz entscheidend ihr Bild. In der Zwischenzeit wurden städtebauliche Fakten geschaffen, die ihr Wiederaufleben weitgehend unmöglich machen. Wasser spielt also bis auf die wenigen Brunnenanlagen keine Rolle mehr in der inneren Stadt.

Andererseits wächst mit zunehmender Belastung durch Lärm, Abgase und Feinstaub die Sehnsucht der Bewohner nach mehr Natur in der Stadt. Dabei spielt Wasser eine ganz entscheidende Rolle. Das wird angesichts des Ansturms der Münchner auf den Isarstrand und die Bäche des Englischen Gartens deutlich. Es gilt also jede Chance zu nützen, die ständig dichter bebaute Innenstadt durch Wasserläufe zu beleben. Davon würde auch das Stadtklima profitieren.

Erste Schritte in diese Richtung hat man in den letzten Jahren bereits unternommen. So hat man beim Bau der Staatskanzlei, die 1993 fertiggestellt wurde, den Köglmühlbach wieder aktiviert und für die Gestaltung des Vorplatzes, wenn auch in einer Betonrinne, eingesetzt.

Auch am Neudeck in der Au, vor dem ehemaligen Frauengefängnis, in dem demnächst Luxuswohnungen entstehen sollen, fließt seit 2001 der Auer Mühlbach zwar kanalisiert, aber offen vorbei.

Dasselbe gilt für den Westermühlbach, der ursprünglich unter der Rodenstockfabrik am

58 Siehe auch das Kapitel über die Frühlingsanlagen

Der Köglmühlbach vor der Staatskanzlei

Roecklplatz verschwand und seit 2015 in der neu entstandenen Wohnanlage wieder an der Oberfläche fließt.

Warum nicht auch seine Fortsetzung im Bachbett des ehemaligen Glockenbachs unter der Pestalozzistraße wieder in das Straßenbild einbeziehen? Eine Idee von Franz Schiermeier, über die die Süddeutsche Zeitung im Januar 2016 berichtete. Nicht nur, dass der Name dieses unsichtbaren Stadtbachs von vielen für den frei fließenden Westermühlbach verwendet wird, auch ein ganzes Stadtviertel schmückt sich mit seinem klangvollen Namen. Obwohl das Viertel im Osten nur bis zur Fraunhoferstraße reicht, wird die Bezeichnung Glockenbachviertel immer häufiger – vor allem in der „Poesie" von Bauträgern – auch für das angrenzende Gärtnerplatzviertel verwendet. Was läge da näher, als diesen Bach, dessen Name in der Bevölkerung weiterlebt, wieder sichtbar und erlebbar zu machen?

Schon 1985 machte der Architekt Stephan Braunfels den damals noch als utopisch geltenden Vorschlag, den Westlichen Stadtgrabenbach zwischen Sendlingertor- und Karlsplatz für die Stadtgestaltung zu nützen. Er könnte der Sonnenstraße oder ihrer etwas toten Rückseite, der Herzog-Wilhelm-Straße, ein neues Gesicht verleihen.

Nachdem jüngst die Rathaus-CSU diesen Vorschlag aufgegriffen hat, erscheint die Verwirklichung dieser Idee nicht mehr utopisch. Daran sollte auch die Tatsache nichts ändern, dass der Bach in vier Metern Tiefe fließt. Im Baureferat hält man die Maßnahme für schwierig, aber nicht unlösbar.

Mittlerweile scheint Bewegung in die Angelegenheit zu kommen. „Bäche, zur Sonne, zur Freiheit!" titelte die Süddeutsche Zeitung in ihrer Pfingstausgabe 2017 und dokumentiert noch einmal den Niedergang der Stadtbäche. Demnach scheinen mittlerweile alle Stadtratsfraktionen sich für eine Öffnung möglichst vieler Abschnitte von Stadtbächen stark

Baustelle auf dem Gebiet der ehemaligen Rodenstock-Fabrik im Juli 2013. Der Westermühlbach fließt in gewaltigen Rohren, während sein neues Bett gerade betoniert wurde.

zu machen. Dazu gehört auch ein von dem Stadtplaner Karl Klühspies bereits vor 40 Jahren gemachter Vorschlag. Demnach sollte der einst zur Versorgung der Stadtbäche außerhalb der Stadtmauer zuständige Pesenbach laut Zeitungsbericht *„teilweise wieder frei fließen und bei St. Maximilian in einer Kaskade in die Isar rauschen"*.

Es wäre für eine Stadt, in der es durch zunehmende Verdichtung immer enger wird, in der der öffentliche Raum immer weiter zurückgedrängt wird, ein großer Gewinn, wenn die eine oder andere dieser Maßnahmen schon bald verwirklicht würde.

Das Thema „Zukunft der Isar in München" darf sich dabei nicht allein auf den Fluss und seinen Erholungswert beschränken, sondern muss auch alle Nebengewässer mit einbeziehen.

Fahrrad- und Fußgängerunterführung an der Ostseite der Corneliusbrücke

Wohin geht die Reise?

Stichwortverzeichnis

Literatur

- Bauer, Richard: Zu Gast im alten München. München 1982.
- Conrad, Michael Georg: Was die Isar rauscht (Münchner Roman in 3 Bänden mit den Titeln: Was die Isar rauscht/Die klugen Jungfrauen/Die Beichte des Narren. Leipzig/Berlin 1888-1905 (Neudrucke im Internet).
- Freudenberger, Josef: Aus der Geschichte der Au. München 1927.
- Geschichtswerkstatt Auer Mühlbach (Hrsg.): Das Neudeck in der Au. München 2006.
- Glöckle, Hanns: Das waren Zeiten. München im Spiegel der Bildreportagen von einst. 1848-1900. Dachau 1983.
- Gribl, Dorle: Harlaching und die Menterschwaige. München 2004.
- Habel, Heinrich/Hallinger, Johannes/Weski, Timm: Denkmäler in Bayern. Landeshauptstadt München Mitte. München 2004.
- Hackelsberger, Christoph: München und seine Isarbrücken. München, 1981,
- Kachelmann, Jakob/Obermeier, Claus: Grün in München. München, 2005.
- Karl, Willibald: Bogenhausen. Vom bäuerlichen Pfarrdorf zum noblen Stadtteil. München 1992.
- Karl, Willibald: Der Herzogpark. Wandlungen eines Zaubergartens. München 2000.
- Klimesch, Peter: Isarlust. Entdeckungen in München. München, 2011.
- Klimesch, Peter: Münchner Isarinseln – Geschichte, Gegenwart und Zukunft. In: Die neue Isar, Band 4 (Hrsg. Ralf Sartori) München 2012.
- Kohl, Werner: Recht und Geschichte der alten Münchner Mühlen. München 1969.
- Large, David Clay: Hitlers München. München 1998.
- Lutz, Fritz: Aus der Vergangenheit des Priel bei München-Bogenhausen. München 1991.
- Lutz, Fritz: St. Emmeram bei München-Oberföhring. Krailling o. J. (Um 1990)
- Paula Georg: Denkmäler in Bayern. Ensembles in Oberbayern. München 1997.
- Pils, Ingeborg: Die Waldwirtschaft. München 2004.
- Plessen, Marie Louise (Hrsg.): Die Isar. Ein Lebenslauf (Katalog zur Isar-Ausstellung 1983 im Münchner Stadtmuseum. München, 2004.
- Rädlinger, Christine: Geschichte der Isar in München. München, 2012.
- Rädlinger, Christine: Geschichte der Münchner Brücken. München 2008.
- Rädlinger, Christine: Geschichte der Münchner Stadtbäche. München 2004.
- Rädlinger, Christine: Neues Leben für die Isar (Ausstellungskatalog). München 2011.
- Rambaldi, Karl Graf von: Die Münchener Straßennamen und ihre Erklärung. München, 1894.
- Rieger, Katharina: Isar. Sehenswürdigkeiten und Freizeitspaß entlang der Isar. München 2011.
- Rohrbach, Carmen: Am grünen Fluss. München 2002.
- Schiermeier Franz: Münchner Stadtbäche. München, 2010.
- Schiermeier, Franz: Stadtatlas München. Karten und Modelle von 1570 bis heute. München 2003.
- Schulze, Claus-Jürgen: Die Isartalbahn. München 1978.
- Stahleder, Helmuth: Von Allach bis Zamilapark. München 2001.
- Verein für Stadtteilkultur im Münchner Nordosten: Zeitschrift NordOstMagazin und Internetseiten.
- Wanetschek, Margret: Grünanlagen in der Stadtplanung von München. München 2005.
- Wengg, Gustav: Topographischer Atlas von München 1849/51. Nachdruck der Originalausgabe, München 2002.
- Wilhelm, Hermann: Krieger, Kaiser, Kaufleute. Die abenteuerliche Geschichte der Münchner Isarbrücke(n). München 2008.

Bildnachweis:

Andreas Hartl: 23 or, 23 ml

Bayerisches Hauptstaatsarchiv: 41 o, 82 o, 115 o

Christine Neumann: 26 ml

F. X. Huber: 23 ol, 23 ul, 26 o, 23 ur

Franz Schiermeier Verlag München: Titelbild, 9

Freunde der Vorstadt Au: 98

Isartalverein: 116

Klaus Betlejewski: 24, 143

Stadtarchiv München: 8 (NL-WEIN-0001), 15 (PK-STB-13256), 20 (NL KV-0379), 31 u (HB-XX-A-43), 33 o (NL-KV-0719), 33 u (NL-PETT1-1832), 34 ol (NL-KV-2025), 34 or (PK-STB 00229), 36 o (HB-XX-J-45), 38 o (NL-KV-0694), 38 u (NL-KV-0172), 43 (NL-KV-0730), 44 o (NL-KV-0695), 45 u (NL-WEIN-0197), 46 u (PL-14986), 50 u (NL-KV-1749), 52 o (NL-KV-1700), 53 o (NL-KV-0729), 55 u (AB-STB-063-01), 57 o (AB-STB-051-01), 57 u (NL-KV-0734), 60 l (NL-KV-1050), 62 l (NL-KV-0723), 62 r (NL-KV-1741), 64 m (AB-STB-068-01), 71 (AB-STB-068-01), 73 (NL-KV-2169), 74 o (PK-STB-14057), 77 (PK-STB-13812), 82 u (HB-XX-B-106), 84 u (STB-5085), 90 (NL-KV-0284), 93 m (NL-PETT1-3385), 93 u (PETT1-0796), 94 o (HB-XX-E-40), 95 o (HB-XX-L-001), 95 ul (NL-KV-0641), 95 ur (NL-KV-0675), 96 r (NL-PETT1-4270), 99 (NL-KV-2061), 104 o (HB-XX-T-090), 104 u (PK-STB-13554), 106 (NL-KV-0663), 109 (NL-KV-1055), 112 o (NL-KV-1055), 117 (NL-KV-0589), 118 (PL-18194), 127 (NL-KV-1555), 129 (KV-1298), 130 o (HB-XX-G-06 a GF), 130 u (STB-0278), 132 (NL-KV-2219-d), 135 u (NL-PETT2-0836), 137 (NL-KV-1159), 141 o (NL-KV-0803), 141 u (-PK-STB-13773), 151 u (HB-XX-J-58), 152 l (NL-KV-1230),152 r (HB-XX-S-114) 154 (NL-KV-1015), 156 or (NL-KV-1161), 157 l (HB-XX-B-031), 158 u (NL-PETT1-0548), 159 (NL-PETT1-0541), 161 o (NL-PETT2-1222) 161 u (NL-PETT1-2090), 164 r (HB-XX-N-06), 165 l (HB-XX-N-13), 165 r (NL-KV-1023), 168 u (HB-XX-Q-27 KF)
Alle Stadtarchiv-Archivnummern beginnen mit "DE-1992-FS-"

Stephan Paul Stuemer: 1, 17 u, 58 u (2x), 64 ul, 72 o, 101 or, 114 (2x), 162 u

Wikipedia: 26 mm, 26 mr, 26 ul, 28 ul, 53 u, 85, 94 ul, 146

Winfried Meier: 42, 49, 81 l, 168 o

Fotos ohne Angabe: Autor

Wir haben uns bemüht, alle Inhaber von Bildrechten ausfindig zu machen. Bitte benachricht Sie uns, sollten wir etwas übersehen haben.

Vom selben Autor:

140 Seiten, 65 ganzseitige, z.T. farbige Abbildungen.
Preis 17,80 €.

ISBN 9783743113336

Das Buch kann im Buchhandel bestellt werden, stets vorrätig ist es, wie auch dieses Buch, bei:

- Buch in der Au, Humboldtstraße 12
- Giesinger Buchhandlung, Tegernseer Landstraße 21
- Buch und Töne, Weißenburger Straße 14

Kostenloser Versand bei Bestellungen beim Autor:
p.klimesch@gmx.de